ＢＡＡＩ智源
人 工 智 能 丛 书

U0131618

信息检索与深度学习

郭嘉丰　兰艳艳　程学旗

著

人民邮电出版社

北　京

图书在版编目（CIP）数据

信息检索与深度学习 / 郭嘉丰，兰艳艳，程学旗著
. -- 北京：人民邮电出版社，2024.1
（智源人工智能丛书）
ISBN 978-7-115-63100-8

Ⅰ. ①信… Ⅱ. ①郭… ②兰… ③程… Ⅲ. ①机器检索－机器学习 Ⅳ. ①TP181②G254.929.9

中国国家版本馆CIP数据核字（2023）第213144号

内 容 提 要

　　信息检索是我们理解这个世界的重要手段之一，随着技术的进步，我们的检索行为也在不断变化。伴随着人工智能时代的到来，大数据的涌现以及万物互联的场景对信息的获取、理解和运用提出了新的需求，特别是大模型的出现，有望重塑信息检索的架构与技术体系。本书以信息检索系统架构为抓手，围绕检索系统的各个技术模块展开对神经检索前沿技术的介绍。一方面，帮助读者快速了解传统技术的发展现状；另一方面，深入介绍深度学习技术给该研究问题所带来的主要变革和前沿成果。由此，读者可以通过本书较为全面地了解信息检索领域过去与当前发展的面貌。

◆ 著　　　　郭嘉丰　兰艳艳　程学旗
　　责任编辑　王军花
　　责任印制　胡　南

◆ 人民邮电出版社出版发行　　北京市丰台区成寿寺路11号
　　邮编　100164　电子邮件　315@ptpress.com.cn
　　网址　https://www.ptpress.com.cn
　　涿州市京南印刷厂印刷

◆ 开本：880×1230　1/32
　　印张：7.5　　　　　　　　　　2024年1月第1版
　　字数：180千字　　　　　　　　2024年1月河北第1次印刷

定价：59.80元
读者服务热线：(010)84084456-6009　印装质量热线：(010)81055316
反盗版热线：(010)81055315
广告经营许可证：京东市监广登字20170147号

序

信息检索——从海量数据中获取用户需要的有用信息，是信息技术的核心模块之一，广泛应用于互联网搜索、情报分析等领域。未来，我们将身处数据呈指数级增长、人工智能飞速发展的时代，信息检索技术会愈加重要。

《信息检索与深度学习》这本书的作者郭嘉丰、兰艳艳和程学旗，是中国科学院计算技术研究所的研究员，与我共事多年。他们是信息检索方向的国际知名学者，其发明的 Top-K 排序学习、短文本话题建模、深度文本匹配、预训练检索模型以及生成式检索等技术在国际学术界影响很大。特别难能可贵的是，他们的很多研究成果在国家重大工程中得到实际验证，也有不少技术转移到产业界，做到了既有文章也有系统，还有产业化应用。

此外，三位作者都是中国科学院大学计算机学院的兼职教师，这本书是他们多年讲授信息检索技术的一个总结，既充分体现了中国科学院独特的科教融合模式，也呈现了教学团队最近十年的学术成果。因此，我相信这本书也将会是一部信息检索方向的优质教材，供相关领域的本科生、研究生、科研人员、工程师研读。

在内容方面，本书对信息检索的定义、发展历史、核心技术、应用挑战进行了细致的梳理，在基于深度学习、大规模预训练模型的信息检索技术等最新前沿方向也进行了系统且深入的介绍。

最后我想说，本书系统讲解了信息检索系统的技术架构，围绕每一个关键模块，深入浅出地阐述了各个技术点的前世今生，便于让更多的读者掌握信息检索学科知识。希望这些对深度学习时代信息检索理论与技术的总结，能够吸引更多的年轻读者加入到这个领域的研究和探索中来。

孙凝晖院士

中国科学院计算技术研究所

前　言

概述

信息检索作为一门诞生于 20 世纪的信息学科，代表着人类一项泛在而基础的需求——搜集信息以便更好地认识世界。信息检索作为一项计算机应用技术，其学科发展始终由现实需求和信息技术双轮驱动，在不同时代、不同阶段呈现出独有的特点，这也是撰写本书的一个缘由。在此，我们不妨做个简要回顾，基于经验认识，我们把信息检索技术的发展历程分成了 3 个相对明显的阶段。

信息检索研究的第一波热潮是在个人计算机（personal computer，PC）时代，随着大量资料的信息化，对非结构化文本语料的自动编码、检索成为信息处理过程中的一项基本需求；与此同时，向量模型、概率理论为信息检索理论和技术的发展提供了重要的基石，支撑了一系列检索模型与系统的诞生。在这个阶段，Gerard Salton 和 van Rijsbergen 等人出版的多部著作，非常精彩地描述了信息检索早期（约 20 世纪 50 年代至70 年代）的研究成果，对信息检索技术的推广与普及做出了重要贡献。

网络时代的到来引发了信息检索研究的第二波热潮，万维网（World Wide Web，WWW）技术催生了海量网络信息、媒体资源，高效地组织和搜索 Web 信息成为一项迫切需求，商用互联网搜索引擎应运而生；与此同时，机器学习开始广泛进入信息检索领域，推动了排序学习等诸多研究方向的蓬勃发展。在这个阶段，Baeza-Yates、Christopher Manning、Bruce Croft 等国际知名学者，出版了多本经典的信息检索教材和专著，国内知名的学者如李航、刘铁岩等也出版了关于排序学习的多本英文专著，这些作品吸引了越来越多的学者、研发人员和学生投入到信息检索的研究与实践中来。

伴随着人工智能时代的到来，大数据的涌现以及万物互联的场景对信息的获取、理解和运用提出了新的需求，深度学习特别是大模型的出现，有望重塑信息检索的架构与技术体系，大幅提升搜索引擎的性能、效率以及用户体验。我们团队有幸在这个阶段的早期就投入到深度学习与信息检索相结合的研究领域（我们称之为神经检索研究方向），在神经检索的理论方法、技术体系和系统架构方面广泛地探索，积累了一些经验与成果。这个阶段，国内外涌现了大量的研究成果，但是专注于梳理、总结这些前沿成果的作品，尤其是中文教材，还比较少。这就催生了本书。

本书特色

本书的特色在于以信息检索系统架构为抓手，围绕检索系统的各个技术模块展开对神经检索前沿技术的介绍。我们一般首先阐述某技术模块的核心研究问题，然后在此基础之上，一方面帮助读者快速了解传统技术的主要发展现状，另一方面深入介绍深度学习技术为核心研究问题带来的主要变革和前沿成果。由此，读者可以结合传统方法与神经检索技术，较为全面地了解信息检索领域过去与当前发展的面貌。本书适合理工类专业的研究生使用，同时也可以供研究和使用机器学习和信息检索技术的科研人员参考。

本书结构

全书共 8 章。

第 1 章简要回顾信息检索技术的发展历史，介绍信息检索的代表性任务和评价方法，同时探讨深度学习与信息检索的结合。

第 2 章主要介绍深度学习与索引技术的结合，包括文档表示方法和索引技术的改变。

第 3~5 章围绕深度学习与"召回－排序"流水线的结合，介绍深度文本检索、深度文本匹配以及深度关系排序。

第 6~7 章与用户交互相关，主要介绍深度学习与用户查询理解结合的研究，以及深度学习在交互式信息检索场景中的应用。

第 8 章围绕预训练模型介绍基础预训练模型，以及面向检索的预训练模型。

致谢

本书历经两年打磨方成稿，我们在撰写本书的过程中得到了很多人的帮助，在此一并表示衷心的感谢。

特别感谢团队的成员范意兴、庞亮、张儒清，他们参与了多个章节材料的收集和整理工作。感谢马新宇、蔡银琼、季翔、吴晨、丁汉星、朱运昌、唐钰葆、陈璐等同学，他们为本书提供了重要的基础素材。

感谢王军花和武芮欣两位女士，是她们的努力才使本书最终与广大读者见面。

郭嘉丰　兰艳艳　程学旗

2023 年 7 月

北京

目　　录

第 1 章

引　言

　　信息检索已经成为连接人类和信息世界不可或缺的纽带，渗透到我们日常生活的各个方面。如今，当人们为了安排旅行计划而查找相关的航班、酒店与攻略，或者打开电商平台寻找满足自己需求的电子产品，或者通过社交网络查询了解人们对某个社会问题的观点和态度，抑或对着手机和智能音箱提出各种生活问题时，信息检索技术都扮演着关键的角色，帮助人们在浩瀚的信息海洋中快速地定位所需的信息。

　　近几十年以来，伴随着信息技术的不断突破，信息检索领域也经历了快速的技术迭代。特别是随着移动互联网的崛起，多样的应用场景、海量的用户需求、雄厚的资本投入共同牵引和推动着信息检索技术突飞猛进。一直以来，信息检索始终是与大数据、机器学习等新兴技术结合最紧密的领域之一，互联网搜索引擎可以被称为迄今为止最大规模、最为成功的人工智能商用案例之一。当前，信息检索正面临着更加泛在化、智能化的需求，而深度学习等技术的突破为人工智能打开了新的大门，信息检索与深度学习的融合成为必然的趋势，由此也催生了我们称为神经信息检索（neural information retrieval，NeuIR）的新科研方向。本书旨在为大家梳理近年来神经信息检索方向的代表性研究问题与前沿成果，希望能够为刚刚进入或正在从事本领域工作的科研人员、工程师和同学们提供导引，同时为推动本领域的进一步发展提供帮助。

在本章中，我们将首先简要地回顾信息检索技术的发展历史、信息检索的代表性任务以及评价方法，然后围绕信息检索的主要技术架构，概述深度学习与信息检索融合为整个检索架构带来的主要技术变革，由此引出本书后续的内容。

1.1　信息检索技术的发展历史

信息检索的概念最早出现在 20 世纪 50 年代初，图 1-1 展示了信息检索技术的主要发展阶段，以此为主线我们对信息检索技术的发展历史进行简要的回顾。信息检索起源于图书馆的参考咨询和文摘索引工作，其主要是依靠手工的方式进行查询定位，即利用主题、著者等文献属性对图书进行分类，进而编制图书的目录卡片、索引卡片，从而帮助用户查找所需的文献。大家常见的就是图书馆的目录卡片，使用它进行检索的方式被称为卡片式索引方式。

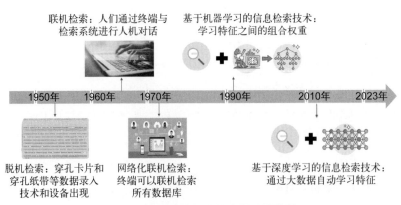

图 1-1　信息检索技术的主要发展阶段

随着电子计算机的出现，信息存储能力得到显著提升，信息的快速查找也变成一个亟须解决的问题。于是，人们就开始构想能否利用计算机来查找文献或信息，由此产生了真正的基于计算机的信息检索。在这个阶段，穿孔卡片和穿孔纸带等数据录入的技术和设备出现，图书馆和其他的一些科技文献技术中心陆续为用户提供了更大规模的检索服务。但是，这个阶段的检索方式还不能实现在线服务，也就是说，用户给定一个查询，系统无法直接给出回答，而是要积攒一大批查询之后再集中进行处理，将符合用户查询的最新文献提交给用户，具有代表性的方法包括基于单元词匹配的检索、基于主题关键词的检索，以及基于编录卡片的自动化系统的检索。虽然这些检索方法的效率不高，但是与以往的方法相比，这些方法所能提供的检索结果已经为科技人员提供了很大的帮助。

伴随着计算机通信技术的进一步发展，用户开始通过终端与检索系统进行人机对话，这样即使在远距离的情况下，也能够实现联机的信息检索服务。虽然这时的信息检索技术还不能提供真正的网络化联机服务，但是计算机的信息存储和处理能力的加强，为人们进一步建立大型的文献数据库提供了可能性。

卫星通信技术和互联网的出现，使得每台计算机成为网络上的一个节点，网络上的任何终端都可以联机检索所有数据库的数据，这时真正的网络化联机检索终于出现了。这一阶段，也出现了基于计算的检索方法，包括布尔代数法、文本相似度方法等。布尔代数法是使用布尔代数逻辑运算符（与、或、非）构建检索词、形成检索提问式，从而完成检索的基本方法。而以 BM25[1] 为代表的文本相似度方法则通过对查询和文档的文本解析，计算语素上的相关性得分并进行加权求和，从而完成检索。因文本相似度方法对内容的有效刻画，它成为很长一段时间内的一种典型的信息检索技术手段。后来，谷歌的两位创始人——拉里·佩奇和谢尔盖·布林提出基于网络链接分析的著名方法 PageRank[2]。该方法将浏览网页的过程看作一个马尔可夫过程，通过寻找该过程的平稳分布得到网页的重要性分数，将其作为相关性的一个重要度量指标。这个阶段中同类型的著名链接分析方法还包括 HITS[3]，它通过定义网络中的权威节点（一般指 authority）和重要节点（一般指 hub）实现基于链接结构的相关性得分计算。

从 20 世纪 80 年代开始，机器学习技术开始被逐步引入信息排序中，形成了排序学习这个重要学科，对信息检索技术产生了极大的推动作用。一开始，人们普遍采用定义特征的方式，通过学习特征之间的组合权重来实现相关性得分的有效度量，典型的方法包括 RankSVM[4]、RankBoost[5]、RankNet[6] 等。2013 年之后，基于深度学习的信息检索技术开始涌现，这类技术通过大数据自动学习相关特征，从而实现更好的信息检索效果，典型的方法包括 DSSM[7]、CDSSM[8]、DRMM[9] 和MatchPyramid[10] 等。这些排序学习方法不仅在信息检索学术领域成为重要的研究方向，同时也被开发为成熟的算法模块，在业界的信息检索系统中发挥着重要作用。

1.2　信息检索的代表性任务

尽管信息检索可以应用的数据模态（文本、图像、音频、视频等）、任务场景（搜索引擎、社交平台、电子商务平台等）多种多样，在本书中我们还是侧重于介绍文本检索的任务。当然，本书介绍的很多模型和技术同样可以适配到其他数据模态和任务场景上，我们就不一一赘述。

在这里，我们先简要介绍几类主要的文本检索任务，这也是本书中深度学习检索模型的主要应用场景，包括 ad-hoc 检索、问答、社区问答和自动对话。我们将介绍各类任务的目标、主要特点与挑战，同时还会阐述信息检索中最核心的概念之———相关性在各类任务中的内涵，因为这关乎很多深度学习检索模型的设计理念。

1.2.1　ad-hoc 检索

ad-hoc 检索是一类经典的检索任务，用户通过查询描述自己的信息需求，检索系统基于查询搜索可能与用户需求相关的文档。术语 ad-hoc 在这里是指在这类典型的检索场景中，文档集合通常保持相对静态，而新的查询源源不断地、即时地提交给检索系统[11]。在 ad-hoc 检索中，相关文档会基于排序模型形成一个排序列表并返回，其中排在顶部的文档相关性更高。

ad-hoc 检索已有很长的研究历史，这类任务的主要特征是查询与文档的异质性：查询是由用户提供的，通常长度很短（从几个单词到几个句子，以关键词居多）、需求相对模糊[12]；而文档的提供者与检索用户不同，文档通常篇幅较长（从多个句子到多个段落）、语义丰富。这种异质性带来了 ad-hoc 检索众所周知的一个挑战，即词表失配（vocabulary mismatch）问题[13,14]，意指用户查询与待检索文档集合的用词可能存在很大的差异，导致简单的关键词匹配效果不佳。如何更好地实现用户查询与文档之间的语义匹配，成为该领域长期关注的焦点。此外，这种异质性也导致了文档和查询之间可能存在多种不同的相关模式，在信息检索历史上对此也有很多研究，提出了多种假设。例如，冗余性假设（verbose hypothesis）认为一个长文档的语义内容是繁复冗余的，因此文档和查询是整体性相关的，即文档各部分内容综合起来与查询相关；而范围性假设（scope hypothesis）则认为一个长文档通常会讲述不同的话题，因此文档只需要有部分内容与查询相关即可。

我们知道，相关性是信息检索中最核心的概念之一，但同时也是最为模糊不清的概念之一。这在 ad-hoc 检索中体现得尤为明显，相关性是一个很抽象的概念并且高度依赖用户，在信息科学研究历史上，相关性概念就曾经出现过很多种不同的定义，包括主题相关（subjective relevance）[15]、逻辑相关（logical relevance）[16]、情境相关（situational relevance）[17] 和认知相关（cognitive relevance）[18]，这使得相关性建模与度量成为一个非常具有挑战性的问题。

1.2.2　问答

问答（question answering，QA）任务的主要目标是基于已有的信息资源自动回答用户提出的问题。用户的问题可以是针对封闭 / 特定领域的（如医疗问答、法律问答），也可以来自开放领域（如 WebQA）[19]；而信息资源有多种形态，可以是结构化数据（例如知识库）或者非结构化数据（例如文档或网页）[20]。问答任务的类型有很多，包括多项选择式问答 [21]、答案段落 / 句子检索 [22,23]、抽取式问答 [24] 和摘要式问答 [25] 等，很多类型的问答任务在自然语言处理（natural language processing，NLP）领域研究中，通常不被看作信息检索问题。例如，多项选择式问答通常被视为分类问题，抽取式问答则主要用于研究机器的阅读理解能力。在信息检索领域中，大家所研究的问答一般是指答案段落 / 句子检索，它可以形式化为典型的检索任务，因此如无特殊说明，本书后续所指的问答均指这类任务。

与 ad-hoc 检索相比，问答任务呈现出一些不同的特征。一方面，用户的问题通常是自然语言形式的，意图描述更为清晰；另一方面，答案一般是段落或者句子，而不是整篇文档，一般长度更短（例如，WikiPassageQA 数据的答案段落长度为 133 个单词[26]）、主题 / 语义更加集中。由此可见，问答任务的异质性问题要比 ad-hoc 检索的轻微，但是词表失配问题仍然是问答中极具挑战性的问题之一。

在问答任务中，相关性的概念要比 ad-hoc 检索中的更加清晰和明确，即目标段落 / 句子是否能回答用户提出的问题。当然，对问答相关性的度量依然是难题，检索模型需要基于问题的意图来尝试找到符合预期模式的答案段落 / 句子，这里的模式不仅需要考虑上下文内容的语义匹配，还需要考虑是否存在预期的答案类型（比如问题是关于时间的，则答案需要包含时间的信息）等。

1.2.3 社区问答

社区问答（community question answering，CQA）旨在依托问答网站（例如 Quora、Stack Overflow、百度知道、知乎等）中现有的问答资源为用户的问题提供答案。作为检索任务，社区问答又可以进一步分为两种形式：第一种是直接从答案库中检索答案，这与上面的问答任务类似，不过比一般的问答任务多一些其他可用的用户行为数据（如投票、评论等）[27]，在此我们就不过多讨论这种形式；第二种可以理解为相似问题检索任务，其背后的基本假设是相似的问题具有相似的答案，因此为了帮助用户找到问题的答案，它的主要目标是从问题库中检索相似的问题。以下除非另有说明，否则我们讨论社区问答的时候，特指第二种形式。

我们可以发现，社区问答的中心是以问题搜问题，因此查询与待检索目标之间有很强的同质性。具体来说，输入问题和目标问题都是简短的自然语言句子，例如，雅虎问答（Yahoo! Answers）的问题长度平均为 9 到 10 个单词[28]，都相对清晰地描述了用户的信息需求。这使得社区问答与之前的两类任务存在明显不同。

由此，我们进一步发现社区问答中的相关性也不一样，这里的相关性主要是指问题语义的等价性 / 相似性，其内涵相较于前两类任务更为清晰。当然，在社区问答中词表失配问题变得愈加严重，因为输入问题与目标问题一般很简短，并且即使是相同的提问意图，人们对此也往往有很多不同的表达方式。在这种特征极为稀疏、语义表达多样的场景下如何建模相关性是核心难题。

1.2.4　自动对话

自动对话（automatic conversation，AC）任务的目标是执行自动的人机对话过程，以回答用户的问题、完成用户的任务和进行社交聊天（如闲聊）[29]。通常，自动对话可以形式化为检索式的或者生成式的，检索式自动对话一般在已有的对话库中对回复进行排序、选择[30]，而生成式自动对话则针对输入的对话利用模型直接生成适当的回复[31]。在本书中，我们主要关注检索式自动对话任务。从对话上下文的角度来看，检索式自动对话任务可以进一步分为单轮对话[32] 和多轮对话[33]。

在典型的检索式自动对话任务中，输入语句和回复通常都是较为简短的自然语言句子（例如，Ubuntu Dialogue Corpus 的句子的平均长度为 10 到 11 个单词，句子长度的中位数为 6 个单词[34]），这使得该任务中的输入、输出也具有某种同质性。该任务与 ad-hoc 检索和问答区别较大，与社区问答较相似。

同时，自动对话任务中的相关性内涵比较宽泛，但和上述几类任务的相关性又有很大的区别。自动对话中的相关性一般指的是输入和输出之间的语义适配性/对应性，例如，输入语句"我最近中奖啦！"，那么可以有很多语义适配的回复，简单的如"真的？"，详细的如"你中了什么奖？有多少奖金？"。从前面这个例子可以发现，在自动对话任务中，词表失配不再是检索模型所要解决的主要问题，而如何刻画上下文语句之间的对应关系、逻辑连贯性、避免平凡、普遍的反馈变得至关重要。

1.3 信息检索的评价方法

在介绍完信息检索的代表性任务之后，我们介绍信息检索的评价方法。信息检索系统的输出结果不失一般性，是排序列表的形式，这与很多自然语言处理任务的结果形态有很大的差异。因此，评价一个信息检索系统的性能，主要就是评估系统所给出的结果列表是否符合用户的信息需求，即系统是否将相关性得分高的数据排在列表的前面并返回给用户。

历史上，信息检索的评价方法主要可以分为两类：第一类方法将排序看作相关性分类的问题，借鉴分类的评价方法制定评价指标[35]，包括准确率（precision）、召回率（recall）、F_1 分数（F_1 score）等；另一类方法则特别考虑了排序的特点，将排序信息纳入评价准则的定义中，因此以下指标可以看作排序特有的指标[36]，包括平均准确率（average precision，AP）、平均准确率均值（mean average precision，MAP）、折损累积增益（discounted cumulative gain，DCG）、归一化折损累积增益（normalized discounted cumulative gain，NDCG）和期望倒数排名（expected reciprocal rank，ERR）等。下面我们将简要地介绍这些评价指标的具体定义方法。

　　现给定查询 q 和由 N 个文档组成的集合 D，我们可以将整个文档集合中的文档分为四类，即检索出的相关文档 RR、检索出的无关文档 RN、未检索出的相关文档 NR 和未检索出的无关文档 NN，这样我们就可以仿照分类问题构造一个混淆矩阵。准确率（Precision）关注的是检索出的文档有多少是相关的，而召回率（Recall）则关注所有相关文档中返回了多少，具体定义为如下形式：

$$\text{Precision} = \frac{RR}{RR + RN} \qquad \text{Recall} = \frac{RR}{RR + NR}$$

　　我们可以看出准确率和召回率反映了检索模型性能的两个方面，因此可以引入 F 分数来平衡两者的影响，形成一个更全面的指标：

$$F_\beta = \frac{(1 + \beta^2)\text{Precision} \cdot \text{Recall}}{\beta^2 \cdot \text{Precision} + \text{Recall}}$$

其中 β 是参数，当 $\beta = 1$ 时，便得到 F_1 分数，即：

$$F_1 = \frac{\text{Precision} \cdot \text{Recall}}{\text{Precision} + \text{Recall}}$$

　　使用平均准确率 AP 也是将准确率和召回率组合在一起进行评价的一种方式。与 F_1 分数不同，它定义在准确率－召回率曲线（可称为 PR 曲线，即以准确率为纵轴，以召回率为横轴得到的变化曲线）的基础上。使用平均准确率相当于通过积分求 PR 曲线下与坐标轴围成的面积，它的近似值可看作不同召回率点上的准确率的均值，即：

$$\text{AP} = \sum_{k=1}^{N} \frac{P@k \cdot r_k}{R}$$

其中 R 代表相关文档的数目，$P@k$ 代表前 k 个文档的准确率，r_k 代表第 k 个位置的文档的相关程度，相关的记为 1，不相关的记为 0。我们可以看到对于 AP 来说，位置起到重要的作用，相关文档排在前面会得到更大的 AP 值。也就是说，相关文档的排名对 AP 值有重要的影响。

在 AP 的基础上，人们提出了 MAP，用于衡量检索模型在多个查询 $\{q_i, i = 1, \cdots, n\}$ 上的平均准确率，从而对一组查询进行综合的排序评价：

$$\text{MAP} = \frac{1}{n} \sum_{i=1}^{n} \text{AP}(q_i)$$

其中 $\text{AP}(q_i)$ 代表在查询 q_i 上的平均准确率。

我们不难发现准确率和召回率这一类指标在评估检索结果时存在明显的局限性，它们仅考虑了文档的相关 / 不相关两类指标，没有考虑位置带来的影响。为了解决这个问题，人们提出了一个基于排序累积增益的指标，即 DCG。假如集合 D 中的文档可以分为多个相关性级别，例如 0（不相关）、1（相关）、2（非常相关），考虑到文档的相关性对整个列表的累积增益会随着位置的增加而逐渐降低，那么可以定义前 k 个文档的评价指标 DCG 为：

$$\text{DCG}@k = \sum_{i=1}^{k} \frac{2^{r_i} - 1}{\log_2(1 + i)}$$

考虑到列表长度的影响，我们需要对以上指标进行归一化，具体可用除以前 k 个位置的最大增益来实现，那么我们就可以得到归一化的 DCG 指标，即 NDCG，其具体形式为：

$$\text{NDCG}@k = \frac{\text{DCG}@k}{\max \text{DCG}@k}$$

此外，考虑到用户浏览行为的级联模型（cascade model），人们进一步改进 NDCG，提出了期望倒数排名指标 ERR。在这个指标中，当前文档对于累积增益的贡献不只依赖于文档的相关性得分，还需考虑前几个文档是否已满足用户的搜索需求：

$$\text{ERR} = \sum_{i=1}^{N} \frac{1}{k} \prod_{j=1}^{k} (1 - r_j) r_i$$

除了衡量信息检索系统的效果的指标外，人们还定义了一些其他指标来评价信息检索系统的效率，如时间开销、空间开销和响应速度等。此外，覆盖率、访问量和数据更新速度等也是人们通常会关心的信息检索系统指标。

1.4　深度学习与信息检索的结合

信息检索领域对新技术的拥抱始终是非常热切的。随着深度学习的蓬勃发展，信息检索作为当前应用最为广泛的技术领域之一，它和深度学习的结合几乎是必然的发展趋势。近年来，深度学习技术不断渗透到信息检索领域的各个方面，产生了大量前沿的创新成果。为了更好地阐述深度学习在信息检索领域的技术发展现状，我们不妨从一个典型的搜索引擎系统架构入手，看看深度学习技术究竟在哪些地方可以发挥作用。

图 1-2 展示了一个典型的搜索引擎系统架构。从大的层面来讲，搜索引擎通常包含两个部分，即离线处理部分和在线检索部分。对于离线处理部分，又可以进一步细分为数据获取、数据预处理以及索引构建 3 个子模块；对于在线检索部分，又可以进一步细分为查询意图理解、信息召回、信息排序以及结果交互 4 个子模块。下面我们逐一简要地介绍

各个子模块的功能，以及本书将阐述的深度学习应用的主要内容。

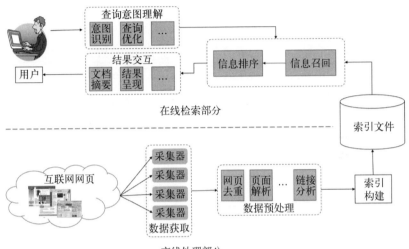

图 1-2 典型的搜索引擎系统架构

数据获取：该子模块的主要功能是获取待检索的数据资源，在通用的搜索引擎系统中，待检索的数据资源是互联网网页，一般通过采集器（"网络爬虫"技术）来获取大量的网页资源。目前，深度学习技术与网络爬虫技术结合的研究成果不多，因此本书并不展开阐述此部分内容。

数据预处理：在构建索引之前，需要通过大量的预处理技术来对数据内容进行清洗、解析以及特征提取。在传统的信息检索系统中，预处理通常包含网页去重、页面解析、特征提取、链接分析等步骤，当然最重要的一步是将数据内容转换为索引词表征，以便被索引构建子模块使用。深度学习技术作为一项机器学习技术，可以直接用于某些传统处理步骤，比如垃圾网页过滤等，但这不是本书关注的重点。我们将侧重介绍的是在深度学习检索模型中，如何获取文本数据内容的表征，这部分内容将在第 3 章中进行介绍。

索引构建：索引构建子模块以上述数据预处理子模块的结果为输入，创建数据索引结构以便支持高速的在线检索。在信息检索系统中，最为知名的索引数据结构之一就是"倒排索引"，简单来说，它为每个索引词项构建一个包含该词项的文档列表，这种文档列表适用于传统的符号化、离散化的文档表达。当深度学习应用到信息检索领域后，在索引阶段开始形成两个分支：一个分支是依然采用倒排索引对离散化、符号化的文档表达进行索引，深度学习技术侧重于改变其中的特征权重或者词项来源；另一个分支则基于深度学习技术直接学习得到稠密的、向量化的文档表达，构建适用于这类表达的索引结构。这部分内容将在第 2 章中进行介绍。

查询意图理解：查询意图理解是在线检索部分的第一个子模块，系统接收到用户输入的查询之后，需要采取一系列的处理步骤尝试对用户查询意图进行深入的理解，这也是决定信息检索成功与否的关键操作之一。通常的查询意图理解包括意图识别、查询优化、查询扩展以及查询推荐等，深度学习技术与这些研究方向的结合大幅提高了查询意图理解的性能，这部分内容将在第 6 章进行介绍。

信息召回：从大规模数据中进行快速、准确的检索是一项极具挑战性的任务，当前的信息检索系统通常采用的策略称为多阶段检索（telescope search），其中信息召回指的是第一阶段。该阶段的目标是从大规模索引库中快速召回潜在的相关数据，效率（efficiency）是这个阶段极为关注的指标，而召回率则是评价这个阶段的关键指标。在传统的信息检索系统中，通常采用经典的概率排序模型（如 BM25）这种既简单又相对有效的模型进行信息召回。而对于深度检索模型，如何构建快速高效的召回模型（如稠密向量检索模型）成为研究的焦点，这部分内容将在第 3 章中进行介绍。

　　信息排序：信息排序又被称为精排阶段，是多阶段检索过程中的第二阶段。顾名思义，这一阶段的目标是对信息召回阶段得到的候选数据进行精排，以便将最相关的结果返回给用户，效用（effectiveness）是评价这个阶段的关键指标，当然效率依然很重要。在传统的信息检索系统中，通常采用排序学习模型，基于大量的人工特征，采用较为复杂的机器学习模型，以实现对相关文档的精细排序。信息排序可以说是深度学习检索领域目前研究最为活跃的一个方向，相关研究成果也较丰富。在本书中，我们将重点阐述这部分的前沿技术，包括深度文本匹配以及深度关系排序，分别在第 4 章和第 5 章中进行介绍。

　　结果交互：当信息排序子模块得到最终的排序结果之后，信息检索系统通过结果交互子模块为用户返回内容。在传统的信息检索系统中，一般采用列表的形式将排序最靠前的部分结果内容返回给用户，文档摘要技术通常会在这个子模块中被采用，以便为用户呈现检索结果的简介（snippet）。在本书中，我们并不打算介绍深度学习在文档摘要技术方面的应用，而是希望给读者介绍深度学习技术在交互式信息检索方向的前沿进展。传统的信息检索研究通常把检索系统当作一个被动的角色，通过用户查询驱动进行交互。而随着智能化检索系统的发展，系统将不仅是一个被动的角色，而是作为主体与用户进行交互，包括对话式检索、主动提问、多轮交互等，深度学习技术在其中扮演着重要的角色，我们将在第 7 章展开介绍。

　　除了介绍深度学习技术在上述信息检索系统的主要组成模块中的应用与进展之外，我们还将在本书最后介绍前沿的面向信息检索的预训练技术。众所周知，深度学习模型通常需要大量的标注样本，训练成本较高，而近年来在自然语言处理领域出现的"预训练 – 微调"范式则可以较好地缓解这一问题。如何将预训练技术有机地与信息检索结合，构建满足检索需求的自监督学习任务和预训练模型架构，成为近年来学术界和工业界共同关注的问题，面向信息检索的预训练研究也应运而生，我们将在第 8 章重点介绍这部分内容。

本书的主要符号标识如表 1-1 所示。

表 1-1　本书主要符号标识

符号	含义	符号	含义
q	查询	$s(\cdot,\cdot)$	相关性 / 匹配分数
Q	查询集合	$f(\cdot,\cdot)$	评分函数
M	查询个数	$L(\cdot)$	损失函数
d	文档	$\phi(q)$	查询编码函数
D	文档集合	$\phi(d)$	文档编码函数
N	文档个数	$\eta(\cdot,\cdot)$	交互函数
d^+	正例文档	h	隐层向量
d^-	负例文档	W	模型权重参数
t	文档或查询中的词	o_d	用户是否观察到文档 d，若观察到则 $o_d=1$，否则 $o_d=0$
dim	向量维度		
C	语料库	c_d	用户是否点击文档 d，若点击则 $c_d=1$，否则 $c_d=0$
π_q	查询 q 返回的文档列表		
top K	前 K 个文档	r_d	文档 d 是否与查询相关，若相关则 $r_d=1$，否则 $r_d=0$
Y	标签集合		

第 2 章

深度文本索引

　　现代搜索引擎每天都需要处理海量的互联网数据，持续增长的互联网网页和涌现的用户查询请求给搜索引擎带来了巨大的挑战。为了更好地满足用户对于查询实时响应的需求，搜索引擎通常需要选择合适的数据结构及存储方式来保证系统的处理速度。在现代搜索引擎中，一种常见的数据结构就是针对符号检索的倒排索引（inverted index）[1]，也称为反向索引。倒排索引通过索引项来组织所有的文档，索引项通常按照字母顺序排列，每个索引项拥有自己的倒排列表，它含有和相应索引项相关的所有数据。在检索过程中，系统针对用户查询中每个查询项快速返回倒排列表中的文档，并将多个查询项的文档列表进行聚合排序，得到最终的候选文档列表。

　　虽然倒排索引已经成为当前搜索引擎主流的数据结构，但在实际应用中，索引技术仍然面临诸多挑战。一方面，海量的互联网数据对倒排索引的高效实现提出严苛的要求。为此，过去有大量的研究集中于倒排索引的压缩算法，通过降低索引数据的存储和传输开销以加快索引数据的处理速度，提升搜索引擎性能。另一方面，基于倒排索引的检索方法依赖查询项的精确匹配来快速定位候选文档列表，在实现高效检索的同时也限制了查询与文档的匹配模式，导致难以实现语义级的文档检索，这也成为长期困扰信息检索领域的一个基本难题。

近年来，深度学习在信息检索领域取得了长足的进展[20,22]，其强大的表征学习能力提升了文档和查询的语义表示能力，也推动了文本索引方法的进一步发展。随着词嵌入等技术的兴起，连续数值的稠密向量成为文档和查询的新表征方式，稠密向量也成为信息检索系统中另一种常见的数据结构。稠密向量索引是指利用某种数学模型对向量构建时间与空间上更高效的数据结构。借助稠密向量索引，我们能够为文档和查询构建语义向量表示，从而使信息检索系统能够更好地支持语义级的相关性匹配，高效地查询与目标向量相似的若干个向量。

目前的稠密向量索引方法大多是为解决近似最近邻搜索（approximate nearest neighbors search，ANNS）[2]问题设计的，其核心思想是不再局限于只返回最精确的结果项，而是以牺牲一定准确率的方式提高近似最近邻检索的效率。根据实现方式，面向近似最近邻搜索的稠密向量索引可分为四大类：基于树的方法、基于图的方法、基于量化的方法和基于散列的方法。

本章将重点介绍信息检索中的索引方法。在 2.1 节，我们将介绍与传统的符号检索相关的一些基础知识，包括基于符号的文档表示方法，以及在检索文本时使用的倒排索引相关的概念与结构；在 2.2 节，我们将重心放在深度文本索引相关的内容上，从深度文本索引场景下基于稠密向量的文档表示出发，引出近似最近邻搜索问题的定义，并介绍为了解决近似最近邻搜索问题而设计的各类稠密向量索引方法；最后，我们将在 2.3 节对本章的内容进行总结。

2.1 基础知识

基于传统关系型数据库查询的经验，搜索信息有两种基本方式。第一种方式是遍历搜索，即对所有文档逐一访问，分别检测是否有关键词存在。但是搜索引擎面对的是超大规模数据以及海量并发的搜索请求，遍历搜索需要消耗大量的时间，这显然是方枘圆凿，无法满足用户对搜索速度的要求。第二种方式是建立索引，在索引中找到符合查询条件的索引值，最后通过保存在索引中的地址定位对应的文档。例如一本书的目录就是一个典型的索引，通过遍历目录，我们就可以快速了解不同信息在书中的位置。

虽然建立索引是一种有效的方式，但在互联网搜索中又存在着困难。常规的正向索引可以让我们快速地知晓文档中包含哪些单词（即以键找值），但并不能根据提供的单词快速检索出其存在于哪些文档。为了契合搜索引擎对于检索效率的要求，我们需要建立一种合适的索引结构，并以此完成基于查询词的文档检索（即以值找键）。值得注意的是，本章所述的索引结构主要是针对文本的，在实际的互联网数据中，除了文本内容外，通常还包含丰富的结构、链接以及多媒体等信息，这些信息对文档的相关性判断有重要的影响，然而由于其表示形式的特殊性，这些信息的编码方法与文本内容的编码方法很不一样，由于篇幅关系，这些内容没有在本章中覆盖到。

传统信息检索系统最常用的索引结构之一是倒排索引[1]，它将文档与词关联起来形成文档列表，通过查询词可以快速定位该词在文档集中出现的记录，这里的"记录"可以定义为词所出现的文档，以及词在文档中出现的位置。除了倒排索引，另一种可以快速判断文档中是否出现某个查询词的索引结构就是面向词的签名文件（signature file）[3]，也叫散列索引，通过散列函数将文档转换成固定长度的签名以加速字符串的比对。虽然倒排索引和签名文件能快速定位文档中是否出现查询词，但对于序列或复杂模式的文本的检索，它们的查询效率往往会大打折扣，而基于后缀树[4]或后缀树组[5]的索引方法能够匹配长的查询字符串或任何复杂模式的文本子串，同时能保证搜索的效率。本节将重点介绍上述几种常见的面向文档符号的索引方法。当然，索引构建的基础是确定数据的表示形式，因此在介绍具体索引方法之前，我们将先简要回顾传统的基于符号的文档表示方法。

2.1.1 基于符号的文档表示方法

传统的信息检索主要采用基于符号的文档表示，不失一般性，通常将文档表示成词袋模型[6]，即认为文档可以描述成一个集合，该集合包含文档中所有的代表性关键词。原始文档需要经过几个步骤的预处理才能得到最终的文档表示。首先，通过词条化（tokenization）将字符序列拆分成一系列子序列，其中每个子序列称为一个词条（token），例如，中文文本通常会经过一个专门的分词算法的处理得到词条化的结果。然后，会对词条化的结果进行停用词去除，在某些情况下，一些常见词在文档和查询进行匹配时价值不大，因此也会将它们从词汇表中去除。一种常用的生成停用词的方法是将词项按照文档频率（document frequency）从高到低排列，然后选取文档频率最高的词作为停用词。最后，对文档中的词项进行归一化，将看起来不完全一致的多个词条归纳成一个等价类，例如，在英文词项归一化中，将 see、seeing、sees 等不同时态的动词统一成基本时态 see。经过上述步骤得到文档，可以将其表示成一个词汇表空间大小的高维稀疏向量，具体的形式化如下。

> **定义 2.1** 设 $V = (t_1, t_2, \cdots, t_N)$ 是文档集的词汇表。如果有 3 个索引项 t_l、t_m 和 t_n 出现在文档 d_j 中，我们可以将文档表示成 $[0, \cdots, w_l, \cdots, w_m, \cdots, w_n, \cdots, 0]$，其中，在 l、m 和 n 位置的权重 w_l、w_m 以及 w_n 为对应词在文档 d_j 中的重要程度，不同的权重计算公式可以得到不同的文档表示。

接下来我们重点介绍基于词频统计的文档表示方法，利用神经网络估计词权重的文档表示方法将在 3.2 节进行详细介绍。

1. 布尔表示法

在布尔表示法[7]中，文档的表示为布尔向量，也就是说向量中的值为 0 或者 1。布尔表示法是一个基于集合论和布尔代数的简单表示方法，它考察的是查询词是否出现在文档中，当词项 t 出现在文档中时，其对应的文档向量位置的权重为 1，否则是 0。考虑到其固有的简洁形式，基于布尔表示法的检索模型被许多早期的商业文献目录检索系统采用。

基于布尔表示法的信息检索模型判定每篇文档要么相关，要么不相关，不存在部分相关的情况。例如，假设查询条件 $q = (t_1, t_2)$，对于文档 $d_i = (t_1, t_4)$，文档的布尔表示为 $c(d_i) = (1, 0, 0, 1)$，则相关性得分为 0。这种没有分级度量相关性的二元决策标准很难取得高质量的检索效果，事实上，布尔表示法的主要优点就是模型计算简单，基于二值索引可以极大提高检索的效率。然而，它的缺点也非常明显，由于其相关性得分是二值的 0 或 1，容易导致检索出太多或者太少的文档，同时也无法对相关文档进行排序。

2. TF-IDF 权重表示法

区别于布尔表示法将文档中词项权重简单地设置为 0 或者 1，TF-IDF[8,9] 权重表示法利用词项在文档中出现的频次（term frequency，TF，后称词频）以及词项的特异性（specificity）来估计其权重。具体地，其基本假设是词项 t_k 在文档 d_i 中的价值或者权重，与词项在文档中出现的频次 f_{ik} 成正比，与词项的文档频率（document frequency，DF）成反比。其中，与文档频率成反比的权重通常用反文档频率（inverse document frequency，IDF）来刻画，假设文档集 D 中包含 N 篇文档，且词项 t_k 在文档集的 n_k 篇文档中出现，即词项 t_k 的文档频率为 n_k，则词项 t_k 的 IDF 为：

$$\text{IDF}_k = \log \frac{N}{n_k}$$

可以看到，当词项 t_k 在语料中出现的次数越多，IDF 越小，反映了该词项的特异性越弱。特别地，当词项出现在文档集的所有文档中时，它的特异性最弱，这说明它对于检索最无用。

基于上述的词项频率 TF 和反文档频率 IDF，可以得到如下的 TF-IDF 权重计算公式：

$$w_{ik} = \left(1 + f_{ik}\right) \times \log \frac{N}{n_k}$$

其中 w_{ik} 为词项 t_k 在文档 d_i 中的权重。

除了上述的 TF-IDF 权重计算公式外，还存在一些变种的计算方法，这些变种的方法主要对 TF 和 IDF 分别进行了不同的平滑操作，详情如表 2-1 和表 2-2 所示。

表 2-1 TF 权重变体

权重框架	TF权重
二值	$\{0,1\}$
原始频率	f_{ik}
对数归一化	$1 + \log f_{ik}$
两倍归一化	$0.5 + 0.5 \dfrac{f_{ik}}{\max\limits_{j} f_{jk}}$
K 倍归一化	$K + (1-K) \dfrac{f_{ik}}{\max\limits_{j} f_{jk}}$

表 2-2 IDF 权重表示

权重框架	IDF权重
一元	1
反文档频率	$\log \dfrac{N}{n_k}$
反平滑文档频率	$\log \left(1 + \dfrac{N}{n_k}\right)$
反最大文档频率	$\log \left(1 + \dfrac{\max\limits_{k} n_k}{n_k}\right)$
概率反文档频率	$\log \dfrac{N - n_k + b}{n_k + b}$，其中 b 为平滑系数

3. BM25 权重表示法

BM25[10] 权重表示法是在标准的概率排序模型的变体上经过一系列实验产生的，这些实验是基于经典向量模型中权重设计的原则进行优化得到的。总体而言，它们考虑了 3 个重要的因素：（1）词频 TF；（2）反文档频率 IDF；（3）文档长度归一化。前两个原则在"TF-IDF 权重表示法"中已有阐述，这里的第三个原则用来平衡不同文档长度对词项权重的影响。上述 3 个原则可以组合得到不同的权重表示法，这些方法在早期的 Okapi 系统上进行了一系列的实验，最初的权重表示法为 BM1[10]，缩写 BM 表示最佳匹配（best match）。BM1 权重计算公式如下：

$$w_{ik} = (K+1)\frac{f_{ik}}{K+f_{ik}}$$

其中，f_{ik} 是词项 t_k 在文档 d_i 中出现的频次，K 是超参数，可以通过在文档集上实验获得。可以看到，BM1 权重主要对原始的词频 f_{ik} 进行了非线性的变换，该非线性的变换具有边际效应递减的效果，使得最终的权重不会被词频的大小影响。基于 BM1 与 IDF 可以得到 BM15 权重计算公式：

$$w_{ik} = (K+1)\frac{f_{ik}}{K+f_{ik}} \times \log\frac{N-n_i+0.5}{n_i+0.5}$$

可以看到，公式里的 IDF 部分权重计算的分子和分母都加了 0.5 的平滑系数。进一步地，在 BM15[10] 权重计算公式基础上添加文档长度归一化则可以得到 BM11 权重计算公式：

$$w_{ik} = (K+1)\frac{f_{ik}}{K\dfrac{\text{len}(d_i)}{\text{avg\_doc\_len}}+f_{ik}} \times \log\frac{N-n_i+0.5}{n_i+0.5}$$

其中 avg_doc_len 是指文档集中所有文档的平均长度，可以根据语料预先计算得到，$\text{len}(d_i)$ 是指文档 d_i 的长度。BM25 权重计算公式是结合 BM11 权重计算公式和 BM15 权重计算公式得到的，它是最经典也是当前最常用的一种稀疏符号权重表示法，具体的 BM25 权重计算公式如下：

$$w_{ik} = \text{IDF}_k \times \frac{K + f_{ik}}{K\left[(1-b) + b\dfrac{d_i}{\text{avg\_doc\_len}}\right] + f_{ik}}$$

其中，K 和 b 是超参数，可以根据经验进行确定，通常，在未知语料中，一种有效的设置是 $K = 1.2$ 和 $b = 0.75$。实际上，这两个超参数的值也能通过适当的实验，针对具体文档集进行精细调整得到。

2.1.2　面向符号表示的文档索引方法

本节将介绍几种经典的面向符号表示的文档索引方法，包括倒排索引、后缀树索引以及签名文件。

1. 倒排索引

倒排索引由文档集中出现的所有单词的列表，以及每个单词在文档中的位置和权重组成。倒排索引的结构包含两个基本元素：词汇表（也叫作词典）和记录。词汇表是指文档集中出现的所有的不同词的集合。对于词汇表中的每个词，记录都保存了所有包含相应词的文档，同时保存了相应词在对应文档中的位置和权重等信息。

常用的倒排索引结构如图 2-1 所示。

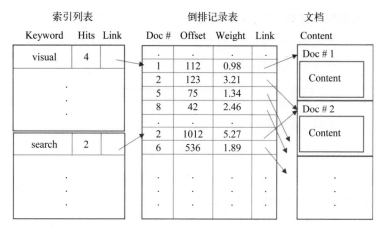

图 2-1 常用的倒排索引结构

其中主要的 3 个对象为索引列表、倒排记录表以及文档，具体定义如下。

- **索引列表**：索引列表是实现单词到倒排记录表映射的一种具体存储数据结构。它可以根据单词词典快速定位某个单词（Keyword）对应的倒排文件，并从中获取此单词出现的频次（Hits），以及对应的倒排列表（Link）。对于给定文档集，其索引列表的基本存储目标是单词文档矩阵，当文档量增大时，该矩阵的维度激增，一般情况下难以直接进行存储，但该矩阵通常极度稀疏，因此可以采用稀疏矩阵的数据结构进行存储。

- **倒排记录表**：倒排记录表中记录每个单词所有的倒排项，倒排项记录某个词所在的某个文档的编号（Doc#）、它在文档中的位置（Offset）和权重（Weight），以及文档指针（Link）。通过倒排记录表，我们可以检索到所有包含某个单词的文档以及它在不同文档中的位置与权重。

❑ **文档**：文档一般指以文本为主要内容（Content）的对象。在信息检索中，我们通常以文档作为检索目标（对象），每一个文档都被赋予一个唯一的编号，作为文档存储的索引编号。

给定一个文档集合，其索引构建流程如下：首先，利用分词算法对文档进行分词，在实际应用中，每个单词都被映射到一个离散的符号ID，得到单词文档矩阵；然后，将所有在词表出现过的单词根据字典序排列，并通过文档集的一次遍历，得到每个单词在每个文档中的位置、出现频次、权重等信息，即可构造出图 2-1 所示的倒排索引。由于这种检索方法将文档表示成一堆符号的单词集合，然后采用倒排索引来组织所有的文档集合，因此，这种方法也被称为面向文档符号的索引方法。

在实际搜索中，倒排索引需要在词典中进行高效的搜索，以获得相应的倒排列表进行文档排序。为了完成这个任务，倒排索引通常有以下两种实现方式。

❑ **散列表**：在建立索引的过程中，词典与倒排文件将会相应地被构建出来。具体来说，在解析一个新文档时，对于某个在文档中出现的单词，首先利用散列函数获得此单词的散列值，之后根据散列值获取散列表中保存的指针，从而找出对应的冲突链表。如果在冲突链表里没有发现这个单词，说明首次遇到该单词，可以创建该单词的倒排列表并将倒排列表存储在倒排文件中。如果冲突链表里已经存在这个单词，说明该单词在之前解析的文档里已经出现过，直接访问之前保存的对应倒排文件就可以获取该单词的倒排记录表。将此单词出现在新文档中的频次与位置整合成倒排项，并将其添加至倒排记录表并保存，以完成倒排文件的更新。

❑ **树形结构**：B 树（或者 B+ 树）[14] 的存储方式是另外一种典型的倒排索引实现方式，它将索引存储在平衡树上，相比于散列表，它避免了查询的极端情况。由于单词都是字符串，所以能根据单词的字典序来构建索引，这样在检索时可以快速通过字典序比较查询词和索引单词的大小，最终确定叶子节点中单词倒排文件的存储地址信息。不论使用树形结构还是上文中提到的散列表，其目标都是为快速的单词查询以及单词倒排列表的获取提供支撑。

2. 后缀树索引

倒排索引基于文档词袋表示，能够快速定位哪些文档包含查询词，这种方法检索到的文档只能是包含整个查询，或者包含查询中一个或多个词的文档，这里的词通常是经过分词得到的较短的语素。如果将文本切割成较长的语素进行索引，则会导致词汇表所占空间大小呈指数级增长，检索效率大幅下降。当我们需要检索任意长度的子串或复杂模式的文本子串时，我们可以采用字符串后缀树索引[4] 来提升检索的效率。

后缀树索引的构建可以直接使用 trie 树的构造方法，依次将各个后缀插入 trie 树中，然后进行节点压缩，其时间复杂度为 $O(n^2)$。对于给定的一个字符串，需要先得到它的后缀。例如给定一个字符串 "information retrieval"，它的后缀就是：

information retrieval

nformation retrieval

formation retrieval

...

on retrieval

...

val

al

l

可以看到，从不同位置得到的后缀是不同的，可以对所有的后缀进行比较排序。为了排序方便，通常会在原始字符串末尾添加 $ 符号，它比所有字符都小。每个后缀被它的起始位置唯一确定。

基于后缀构建后缀树（suffix tree）[4]，后缀树是在字符串的所有后缀的基础上建立的压缩字典树。后缀树的叶子节点记录后缀在原始字符串中的指针。若给定文本字符串 banana，添加 $ 结尾符后，得到的后缀树如图 2-2 所示。

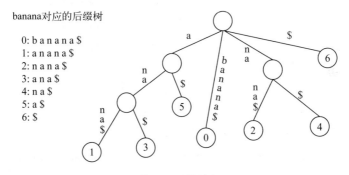

图 2-2　后缀树

值得注意的是，后缀树一般会占用较大的空间，根据不同的实现方式，后缀树一般会占用文本自身大小的 10 ～ 20 倍空间。例如，1GB 文本的后缀树可能需要 10GB 的空间。因此，后缀树一般只适用于较小的文本。

给定如下符号。

- S：需要构造后缀树的字符串。
- $S[i]$：从第 i 个字符开始的后缀。
- $N(S[i])$：$S[i]$ 在后缀树中对应的叶子节点。
- $P(S[i])$：$N(S[i])$ 的父节点。
- $G(S[i])$：$P(S[i])$ 的父节点，即 $N(S[i])$ 的祖父节点。
- $SL(p)$：p 的后缀链接所指向的节点。
- $W(p, q)$：从 p 到 q 所经过的字符串。
- root：后缀树的根节点。

后缀树的构造算法如下。

（1）定义 $SL(root) = root$，插入 S，此时后缀树仅有两个节点。

（2）设已经插入了 $S[i]$，现在要插入 $S[i+1]$，分为两种情况。

    a. $P(S[i])$ 在插入之前已经存在（例如，对于 na、ana，a 是 na 的父节点），则 $P(S[i])$ 有后缀链接，令 $u=SL(G(S[i]))$，从 u 开始沿着树往下查找，在合适的地方插入新的节点。

    b. $P(S[i])$ 是在插入 $S[i]$ 的过程中产生的，此时 $G(S[i])$ 必定存在并有后缀链接（例如 na、ana、bana），令 $u=SL(G(S[i]))$，$w=W(G(S[i]), P(S[i]))$。从 u 开始，对 w 进行快速定位，并找到节点 v（v 可能需要通过分割边来得到）。令 $SL(G(S[i]))$ 指向 v，从 v 开始沿着树往下查找，在合适的地方插入新的节点。

（3）不断重复以上步骤，即可完成后缀树的构造。

3. 签名文件

另外的比较常用的面向文档符号的索引方法就是基于散列的面向词的索引方法——签名文件[3]。这种索引方法为每个关键词分配一个固定大小的向量，这个向量叫作签名（signature）。

签名文件使用一个散列函数将词块映射成位向量（也叫"签名"）。给定一个文本，经过分词后得到关键词序列，即 $P = <key1, key2, \cdots, keym>$，对每个关键词块分配一个位向量 B，对这些关键词的签名做按位或运算，就形成了原始文本的签名，这个过程也被称为重叠编码。然后把文本的签名结果依次存入一个独立的文件中，形成对应的签名文件，这样形成的签名文件比原文件小很多[59]。签名文件的索引方法对于新增文档是非常容易的。当我们需要增加新的文档时，只需要向签名文件中添加记录即可，而文本删除则通过删除对应的位向量就能实现。

签名文件的存储除了把所有的位向量按顺序保存外，还有其他的保存方案。例如，可以将位向量中的每一位用不同的文件保存，如用一个文件保存所有的第一位，用另一个文件保存所有的第二位，以此类推。这样在搜索过程中只需要遍历在查询中被置为 1 的 l 位所对应的文件，能大大减少搜索过程中查询磁盘的时间。此外，也可以采用压缩算法对索引进行压缩，以降低磁盘存储开销。

当我们搜索某个查询词时，首先会通过散列函数将查询词映射成位向量 W，然后将其与所有文本的位向量 B 进行比较，当 $W \& B = W$ 时（这里的 & 是按位与运算符），所有在 W 中置 1 的位在 B 中也置 1，则文本块中可能包含这个词。因此，对于所有候选的文本块，必须执行一次在线遍历来验证查询词是否在其中。不同于倒排索引，这个遍历是无法避免的，除非误检的风险是可以接受的。

2.2 深度文本索引方法

传统基于符号表示的检索存在一个明显的短板，就是难以检索出不存在查询词但又与用户需求语义相关的文档。近年来，随着深度学习的快速发展，涌现出了许多在文本上具有强大编码表示能力的模型。利用这些模型将查询和文档表示为蕴含丰富语义信息的低维稠密向量，以此代替传统检索方法中的符号表示方法，能够有效地解决原有方法对精确匹配词项的依赖问题。

基于稠密向量的检索方法在对海量数据进行检索时，简单遍历一遍所有数据通常需要耗费大量时间，难以满足检索系统对于效率的要求。假设文档集合中共有 N 篇文档，查询和文档均被编码为 dim 维的向量，如果采用穷尽式搜索的策略，依次计算每个文档向量与问题向量的内积，时间复杂度为 $O(N \cdot \dim)$。在现实场景中，文档集合的规模经常达到百万、千万乃至更大的数量级，此时穷尽式搜索难以满足检索系统对于实时性的要求。

在实际检索系统中，通常采用近似最近邻搜索（approximate nearest neighbors search，ANNS）[17] 方法来加快搜索的速度，在损失一定检索准确率的情况下，其搜索速度相对穷尽式搜索有极大的提高。近似最近邻搜索问题可以定义如下：在 N 个 dim 维向量 $\boldsymbol{v}_i$（$\boldsymbol{v}_i \in \boldsymbol{R}^{\dim}$，$1 \leqslant i \leqslant N$）构成的向量集合 X 中，如何以低于线性时间复杂度的时间复杂度，近似找到与 $\boldsymbol{\mu}$（$\boldsymbol{\mu} \in \boldsymbol{R}^{\dim}$）向量的欧氏距离最小的 K 个向量。近似最近邻搜索问题定义中的欧氏距离，可以推广至任意同时满足非负性、同一性、对称性、直递性的度量距离。在深度文本检索中常用于相关性计算的度量指标，除了欧氏距离之外，还有内积和余弦相似度。然而，内积（余弦相似度可以视为向量模长归一化的内积）并不满足近似最近邻搜索问题中对于距离的直递性要求，此时的向量检索问题一般称为最大内积搜索（max inner product search）[18] 问题。值得注意的是，虽然最大内积搜索问题与近似最近邻搜索问题存在一定区别，但是很多文献中并不对二者进行严格区分，而将它们统称为近似最近邻搜索问题。

需要指出的一点是，不分场合地将最大内积搜索问题转化为近似最近邻搜索问题来解决往往不是明智之举。虽然针对欧氏距离、内积或余弦相似度等指标计算的向量在变换前后计算结果完全等价，但是变换策略会使得向量各维度间的方差差异显著，从而对向量检索的效果造成不可忽视的影响。因此，充分了解各类稠密向量检索方法的特点以及适用场景，选择合适的方法解决近似最近邻搜索问题才是正确的做法。

2.2.1 基于稠密向量的文档表示

在深度学习检索模型中，查询和文档通常被表示为低维稠密向量，从而避免传统符号表示导致的词表失配问题。近年来，基于分布式单词表示的词向量 [19] 取得了众多进展，它采用分布式表达来刻画单词，区别于以往的独热表示，分布式表达使用稠密实数向量来表示每一个单词，能够编码不同单词之间的语义关联，具有更强的泛化能力。在检索过程中，通常将查询和文档中的词表示成词向量，然后通过深度神经网络得到最终的查询或文档的低维度稠密向量。与传统符号检索不同，深度文本检索中查询和文档使用的编码器大多数需要通过监督学习训练得到。查询和文档的编码器一般采用"双塔"结构的孪生网络，先将查询和文档独立编码为低维稠密向量，然后以欧氏距离、内积或余弦相似度等指标作为查询和文档间的相关性得分。

1. 基于词嵌入的文档向量表示

基于词嵌入的文档向量表示的方法中一个最简单的就是利用词嵌入加权平均（average word embedding，AWE），具体形式化如下：

$$\boldsymbol{v}_d = \frac{1}{|d|} \sum_{t_d \in d} \frac{\boldsymbol{v}_{t_d}}{\|\boldsymbol{v}_{t_d}\|}$$

在词嵌入加权平均时，值得注意的是，利用 Word2Vec[20] 学习得到词向量比在文档语料中训练得到的词向量效果更好。同时，Word2Vec 输出的词向量有两种类型，一种是输入端词向量，另一种是输出端词向量。其中，输入端词向量刻画的是单词间可替换的关系，例如，单词"Yale"和单词"Harvard"具有很高的语义相似度；而输出端词向量刻画的则是单词之间的主题相似度，例如，与单词"Yale"较相近的单词是"faculty"。因此可以用输出端词向量得到文档表示，而利用输入端词向量得到查询表示，这种方法就叫对偶向量空间模型（dual embedding space model，DESM）[21] 方法。

2. 基于深层网络的文档向量表示

基于深层网络的文档向量表示利用深度神经网络来学习文档的稠密向量表示，不同的神经网络如全连接神经网络、卷积神经网络、循环神经网络等均可以用来学习文档表示，这里我们以微软研究人员于 2013 年提出的深度语义结构模型（deep semantic structure model，DSSM）[22] 进行具体介绍，它用的是一种称为暹罗网络（siamese networks）[23] 的架构，分别为查询和文档构建单独的深度网络来学习二者的语义表达，基于二者的语义表达计算相关性。

DSSM 的网络结构如图 2-3 所示。首先，在词散列层中，为查询或文档中的每个单词添加两个特殊符号来标记开头和结尾（例如，将"rely"变成"#rely#"）；再通过词散列算法，将其映射到一个字符级的三元组向量中，例如，给定单词"#rely#"，使用字符级的三元组的散列得到"#re rel ely ly#"，这样，单词就被表示成一个字符级三元组的空间向量，向量的每个维度表示一个特定的字符级的三元组；然后，在全连接网络层将查询或文档的散列表达输入网络中得到查询或文档的高层抽象语义向量表示。形式化的描述如下：

$$l_1 = W_1 x$$

$$l_i = \tanh(W_i l_{i-1} + b_i)，其中 i = 1, 2, \cdots, N-1$$

$$y = \tanh(W_N l_{N-1} + b_N)$$

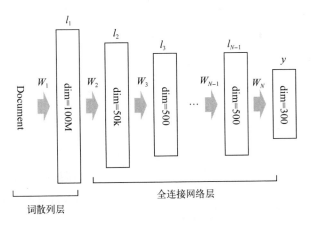

图 2-3 DSSM 的网络结构

其中，x 为输入的文档，l_1 是 x 经过词散列层输出的散列表示，l_i 表示的是全连接网络层中间表达，y 为 x 的最终输出表示，W_i 以及 b_i 为神经网络的参数。

DSSM 使用了大量的搜索引擎点击日志数据对模型的参数进行训练，损失函数采用的是交叉熵损失函数。

3. 基于预训练模型的向量表示

近年来，预训练模型研究取得了巨大进展，这类模型通过涉及的模型结构和训练方式，在大规模无标注语料上学习，并通过微调等方式应用到下游任务中。预训练模型能够很好地捕捉语料中的语言学知识、获取语义语法信息甚至常识等，能够显著地提升下游任务的性能。较具代表性的两个预训练模型就是 GPT[24] 和 BERT[25]，二者都是基于 Transformer[26] 网络结构构建的模型，其中 GPT 采用单向语言生成任务进行预训练，而 BERT 则使用双向语言模型对文本进行编码，同时引用了下一个预测任务显式对文本关系进行建模。

BERT 向量表示方法将文档中的词拼接起来输入网络中，经过 12 层（这里指小的 BERT 模型，大的 BERT 模型具有 24 层）的 Transformer 网络结构后，可以直接取最终的 [CLS] 位置的输出向量作为最终的文档表示。在原始的 BERT 模型中，[CLS] 位置的输出向量是一个 768 维的稠密向量。另一种利用 BERT 计算文档表示的方法则将最后一层中除了 [CLS] 外的所有单词对应位置的词向量进行加权。

2.2.2　稠密向量索引

类比面向文档符号的索引方法中使用的倒排索引，为了有效解决近似最近邻搜索问题，稠密向量索引应运而生。与倒排索引不同的是，稠密向量索引并不存在固定的框架结构，而存在着多种多样的构造方式。

根据稠密向量索引使用的核心算法或者核心数据结构的不同，基于稠密向量的文档索引方法大致可以分为基于树的方法、基于图的方法、基于量化的方法以及基于散列的方法四类。下面，我们将分别介绍这四类方法的主要思想及特点，并对每一类方法中的代表性方法进行介绍。需要注意，若未特别指出，下面介绍的索引方法的适用范围均为以欧氏距离作为度量距离的近似最近邻搜索问题。

1. 基于树的方法

基于树的方法通过树形结构实现对整个向量集合中全部向量的索引。通常，树上的每个节点都表示一个向量集合，子节点对应的集合是其父节点对应集合的子集。检索过程中，只需要按照一定规则遍历树的部分分支，并计算分支上部分节点包含的向量同查询向量间的距离并排序即可。

KD 树 [27] 是用于向量检索的经典数据结构，在建树过程中，按照向量的每一个维度对集合中的向量进行划分，构建出一棵每个节点对应一个向量集合的二叉搜索树。然而，KD 树只有当向量维度和向量数量满足要求时才能实现快速搜索，否则其时间复杂度会退化至穷尽式搜索的时间复杂度。

一种高效的基于树形结构的检索算法就是 Annoy（approximate nearest neighbors oh yeah）[28] 算法，它依托于二叉树结构，树上每一个节点都对应着一个向量集合，其中根节点是需要索引的、由全部向量组成的集合。建树阶段，从根节点开始自上而下进行递归，对于每个节点，通过 k-means 算法 [29] 将当前节点中的向量聚为两簇并分配给左右两个子节点，同时在子节点中记录超平面的信息，依次递归划分直至子节点中的向量个数小于预先设定的数目。查询阶段，从根节点开始，根据节点中记录的超平面信息，选择左子节点或者右子节点继续向下搜索，直至搜索到叶子节点，然后取出一个候选节点执行搜索流程，直至搜索过的节点超过指定的数量后停止搜索。上述候选节点的选择依靠一个优先队列完成，其维护的对象为搜索过的路径中的非叶子节点，排序使用的键值则是查询向量同超平面间的距离。

基本概念

本节中，我们先阐述基于树的方法相关的基本概念。

- □ **KD 树**：K 维的二叉树，每个节点至少包含如下几个值域，分别为特征向量坐标、切分轴、切分值、左子树指针、右子树指针和父节点指针。
- □ **特征向量坐标**：K 维向量，即 KD 树节点对应的待索引向量。
- □ **切分轴**：整数 n，$1 \leqslant n \leqslant K$，用于划分左右子树的维度，依据维度的值将父节点包含的向量集合划分成左右子树的向量集合。
- □ **切分值**：划分左右子树的值，一般选取向量集合在切分轴所在维度的值的中间值作为切分值。
- □ **左子树**：由父节点切分轴所在维度的值小于或等于切分值的向量集合构成的 KD 子树。
- □ **右子树**：由父节点切分轴所在维度的值大于切分值的向量集合构成的 KD 子树。
- □ **父节点**：指向父节点的指针。

搜索过程

下面以 KD 树为例说明基于树的稠密向量检索的过程。KD 树索引的核心就是利用已有数据对 K 维空间进行划分，划分的方法则是利用树中的每个节点把对应父节点切成不同的子空间 [27]。这样在查找某个节点时，就变成了查找节点所在的子空间。

KD 树的 k 近邻搜索算法可以表述为以下的搜索过程。

对于给定的 KD 树索引结构和给定点 p，寻找距离 p 最近的 k 个点的过程可分为以下 3 步。

（1）从 KD 树根节点开始，根据 p 的特征向量坐标和每个节点的切分轴向下搜索。即当前节点切分轴为 n 时，比较 p 的第 n 维向量值与切分值，若前者小于后者则向左子树搜索；否则向右子树搜索。

（2）当到达一个叶子节点时，将其标记为已访问。检查 k 近邻列表 L，若 L 未满，即 L 中不足 k 个值，则将当前节点的特征向量坐标加入 L；若 L 已满，比较当前节点特征向量坐标与点 p 的距离，若该距离小于 L 中与 p 距离最远的点的距离，则将 L 中与 p 距离最远的点删除，并将当前节点的特征向量坐标加入 L。

（3）若当前节点不是根节点，执行 a，否则输出 L，搜索结束。

    a. 回溯到当前节点的父节点。若父节点未被访问过，则将其标记为已访问，执行 b 和 c；否则再次执行 a；

    b. 检查 k 近邻列表 L，若 L 未满，即 L 中不足 k 个值，则将当前节点的特征向量坐标加入 L；若 L 已满，比较当前节点特征向量坐标与点 p 的距离，若该距离小于 L 中与 p 距离最远的点的距离，则将 L 中与 p 距离最远的点删除，并将当前节点的特征向量坐标加入 L。

c. 计算 p 与当前节点切分轴的距离，若该距离大于或等于 L 中距离 p 最远的点的距离且 L 已满，执行（3）；若该距离小于 L 中距离 p 最远的点的距离或 L 未满，从当前节点另一个子树开始执行（1）。

索引构建

KD 树的构建过程可以用不断"确定切分轴、计算切分值、划分左右子树"的递归过程来描述[27]。切分轴可以通过以下两种常见策略来确定：

- ❑ 选取切分轴的下一维坐标轴作为切分轴；
- ❑ 选取使数据分布最分散（方差最大）的维度的坐标轴作为切分轴。

以第一种策略为例，KD 树的构建过程可以被描述为如下的递归过程：

- ❑ 对于给定的向量集 S，初始化其切分轴为 $n=1$；
- ❑ 若 $|S|=1$，记录节点的特征向量坐标，不再划分左右子树；
- ❑ 若 $|S|>1$，将 S 内所有点按照第 n 维坐标大小排序，选择中位点（对于偶数个点，可选中位左或右点）作为当前节点的特征向量坐标，并记录切分轴 n；将排序后小于或等于中位点的点构成的子集作为左子树向量集 SL，排序后大于中位点的点构成的子集作为右子树向量集 SR，确定新的切分轴 $n=(n+1) \bmod k$；对左子树 SL、右子树 SR 分别递归执行本策略。

通过该策略，我们就可以在向量集上构建 KD 树。

2. 基于图的方法

基于图的方法通过图结构对向量进行索引，图中每个节点都表示一个向量，节点间的距离一般采用对应向量间的欧氏距离，并在此条件下选择某种构建连边的方式。常用的构建连边的方式包括构建德洛奈图[30,31]、相对邻接图[33,34]、k近邻图[32]、最小生成树[35]等基础图，借助上述几种基础图的性质，检索时可以将需要计算距离的节点范围缩小到局部子图上，从而有效提升检索速度。然而，当被索引向量的维度较大、数量较多时，上述基础图中连边的数量规模将会变得十分庞大，此时检索效率也会大打折扣。因此，基于图的稠密向量索引一般选择构建上述基础图的近似图，在很大程度上保留上述基础图的优良性质的同时，又显著削减图中连边的数量。

最具代表性的基于图的方法之一就是 NSW（navigable small-world）[36]，它构建德洛奈图的近似图，其核心思想是将每个文档视为图中的一个点，为每个点与其距离较近的 k 个点添加连边，并且通过"高速公路"连边使图保持连通。在建图阶段，依次将全部节点插入图中，当插入第 n 个节点时，在由前 $n-1$ 个节点构建好的图中近似找到与当前节点距离最近的 k 个点，然后相连。虽然 NSW 能通过具有导航性的图有效解决 k 近邻图发散搜索的问题，但其搜索复杂度仍然过高，并且整体性能极易被图的大小所影响。HNSW（hierarchical navigable small-world）[37] 则着力于解决这个问题，它利用跳表的思想对 NSW 进行改进，采用了层次化的建图方式以及自上而下的查询。简单来说，它按照一定的规则把一张图按层次分成多张子图，越接近上层的图，节点平均度数越低，节点之间距离越远；越接近下层的图，节点平均度数越高，节点之间距离也就越近。搜索的时候则从最上层开始，找到本层距离查询最近的节点之后进入下一层。下一层搜索的起始节点即上一层的距离查询最近的节点，循环往复，直至得到结果。

基本概念

在基于图的近似最近邻搜索中，给定一个在欧氏空间 E^d 的有限数据集 S，$G(V,E)$ 表示在 S 基础上构建的图，$\forall v \in V$ 唯一对应 S 中的点 x。这里 $\forall(u,v) \in E$ 表示 u 和 v 之间的近邻关系，并且 $u,v \in V$。接下来介绍几种常见的图结构，包括德洛奈图、相对邻接图、k 近邻图以及最小生成树。

德洛奈图（delaunay graph，DG）。在欧氏空间 E^d 中，在数据集 S 基础上构建的图 $G(V,E)$ 满足以下条件：对于 $\forall e \in E$，其对应的两个定点是 x 和 y，存在一个穿过 x、y 的圆（如图 2-4（a）中的圆），并且圆内最多同时存在 3 个定点（即 x、y、z）。DG 可以保证近似最近邻搜索（以下称 ANNS）总是返回精确的结果，但是其缺点就是当维度 d 极高时，DG 几乎是全连接的，这会导致产生一个很大的搜索空间。

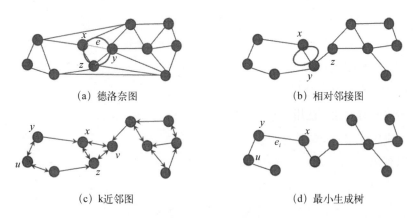

(a) 德洛奈图　　　　　　　　　　(b) 相对邻接图

(c) k近邻图　　　　　　　　　　(d) 最小生成树

图 2-4　图索引方法

相对邻接图（relative neighborhood graph，RNG）。在欧氏空间 E^d 中，在数据集 S 基础上构建 RNG，其中 $G(V, E)$ 具有以下性质：对于 $x, y \in V$，如果 x 和 y 通过边 $e \in E$ 连接，那么 $\forall z \in V$，$\delta(x, y) < \delta(x, z)$ 或者 $\delta(x, y) < \delta(z, y)$。与 DG 相比，RNG 切断了一些违反上述性质的多余近邻连边，并使剩余的近邻呈全向性分布，从而减少了 ANNS 的距离计算。然而，在 S 上构造 RNG 的时间复杂度较高，为 $O\left(|S|^3\right)$。

k 近邻图（k-nearest neighbor graph，KNNG）[32]。在欧氏空间 E^d 中，在数据集 S 基础上构建 KNNG，其中 $G(V, E)$ 具有以下性质。如图 2-5（c）所示，对于 $x, y \in V$，$x \in N(y) = \{x, u\}$，但 $y \notin N(x) = \{z, v\}$，其中 $N(y)$、$N(x)$ 分别为 y 和 x 的近邻集。因此，y 和 x 之间的边是一条有向边，KNNG 是有向图。KNNG 中每个节点的近邻数量最多为 K 个，从而避免了近邻的激增，这在内存受限且效率要求较高的场景下效果很好。

最小生成树（minimum spanning tree，MST）[35]。在欧氏空间 E^d 中，MST 是在数据集 S 上具有最小 $\sum_{i=1}^{|E|} w(e_i)$ 的 S'，其中与 $e \in E$ 相关的两个定点是 x 和 y，$w(e_i) = \delta(x, y)$。如果 $\exists e_i$，$e_j \in E, w(e_i) = w(e_j)$，则 MST 不是唯一的，如图 2-4（d）所示。虽然 MST 目前没有被基于图的 ANNS 广泛使用，但是 HCNNG（hierarchical-clustering-based nearest neighbor graph，分层聚类近邻图）证实了 MST 作为 ANNS 的近邻选择策略的有效性。使用 MST 作为基础图的主要优势在于 MST 使用最少的边来保证图的全局连通性，因此定点的度数很低并且任何两个定点都可以到达。

搜索过程

给定一个已经创建索引的数据集，其基于图的检索过程一般包含两个步骤（S1 ~ S2），即种子获取和路由，具体的检索过程如图 2-5 所示。

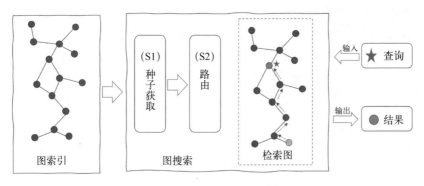

图 2-5　图检索

- **S1：种子获取（seed acquisition）**

检索的第一个步骤就是在图上获取少量的种子，由于种子对搜索结果影响很大，搜索过程中的这一步骤比递增方法的初始化更重要。一些早期的算法采用简单随机获取种子的方式，而较先进的算法则通常使用种子预处理方式。如果固定的种子是在预处理阶段产生的，它就可以直接使用。如果在预处理阶段构建了其他的索引结构，ANNS 会返回带有附加结构的种子。

- **S2：路由（routing）**

几乎所有基于图的 ANNS 算法都是基于贪婪的路由策略，包括最佳优先搜索及其变体。虽然这种算法便于使用，但它有两个缺点：容易出现局部最优（E_1）和路由效率低（E_2）两个问题。E_1 可破坏搜索结果的准确性，对于这个问题，可以通过增加一个参数来缓解。具体地，在定义 2.3 的基础上，可以取消对 C 的大小限制，将 $\delta(\hat{y},q)$ 作为搜索半径 r，对于 $\forall n \in N(\hat{x})$，如果 $\delta(n,q) < (1+\epsilon) \cdot r$，那么 n 被加入 C，这里将 ϵ 设置为较大的值可以缓解 E_1，但也会大大增加搜索时间。针对路由效率低的问题，可以使用引导式搜索来缓解，而不是像最佳优先搜索那样访问所有节点，通过引导式搜索根据查询的位置避免一些多余的访问。

索引构建

基于图的稠密向量索引通过图来组织数据集 S，现有的算法一般基于 3 种方法，分别是分治方法、优化方法以及递增方法。如图 2-6 所示，一个算法的索引构建可以分为 5 个步骤（C1 ~ C5），接下来详细介绍各个步骤。

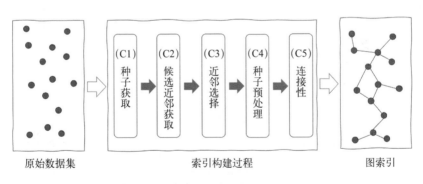

图 2-6　图索引

- **C1：*初始化*（initialization）**

分治方法的初始化是数据集的划分，它以递归方式进行，生成许多子图，从而通过子图的合并得到索引。对于优化方法，在初始化中，它执行近邻初始化以获得初始化图，然后优化初始化图得到更好的搜索性能。而递增方法连续插入点，新插入的点被当成查询，它执行 ANNS 以获得查询在由先前插入的点构建的子图上的近邻；因此它在初始化时实现种子获取。

> **定义 2.2　数据集划分**　给定数据集 S，将数据集 S 划分为 m 个小子集，即 $S_0, S_1, \cdots, S_{m-1}$，并且 $S_0 \bigcup S_1 \cdots \bigcup S_{m-1} = S$。

数据集划分　这是分治方法特有的初始化方法。一般的数据分割采用的是随机划分方案，它在从 S 中随机抽取的点上生成主方向，然后进行随机划分，使每个子集的直径足够小。为了实现更好的划分，一种叫 HCNNG 的方法通过迭代地进行层次聚类来划分 S，具体地，它每次从要划分的集合中随机抽取两个点，并通过计算其他点与这两个点之间的距离来进行划分。

> **定义 2.3　近邻初始化**　给定数据集 S，对于 $\forall p \in S$，近邻初始化从 $S\{p\}$ 中获取子集 C，并用 C 来初始化 $N(p)$。

近邻初始化　这是只有优化方法的初始化需要的步骤。KGraph[38] 和 Vamana[39] 都通过随机选择近邻来完成这一步骤。这种方法的效率很高，但初始化图的质量太低。一种有效的解决方案是通过基于散列或基于树的 ANNS 来初始化近邻。例如，EFANNA[40] 方法应用基于树的方法来初始化近邻，它在 S 上建立多棵 KD 树；然后，每个点被当作一个查询，并通过多个 KD 树的 ANNS 获得其近邻。这种方法在很大程度上依赖于额外的索引，会增加索引构建的成本。

> **定义 2.4　种子获取**　给定索引 $G(V,E)$，从 V 中获取一个小子集 $\hat{S}$ 作为种子集，在 G 上的 ANNS 从 $\hat{S}$ 开始。

种子获取　索引构建的种子获取是递增方法的初始化，分治方法和优化方法在获取候选近邻时也可能包括这一过程，而且这一过程对于所有基础图的搜索算法来说也是必要的。对于索引的构建，NSW 方法[36] 和 NGT 方法[41] 都是随机获取种子的，而 HNSW 由于其独特的层次结构，从顶层开始固定种子。

> **定义 2.5　候选近邻获取**　给定一个有限数据集 S，点 $p \in S$，候选近邻获取的方法是从 $S\{p\}$ 中得到一个子集 C 作为 p 的候选近邻，然后 p 得到其近邻 $N(p)$，即 $N(p) \subset C$。

- **C2：候选近邻获取**（candidate neighbor acquisition）

由分治方法构建的图通常从数据集划分后得到的一个小子集中产生候选近邻。对于一个子集 $S_i \subset S$ 和一个点 $p \in S_i$，一般的图搜索算法直接将 $S_i\{p\}$ 作为候选近邻。虽然 $|S|$ 可能很大，但通过划分得到的 $|S_i|$ 一般很小。然而，优化方法和递增方法不涉及数据集的划分过程，而直接采用朴素的方法获得候选近邻的索引构建通常会效率较低。为了解决这个问题，一般可以利用 ANNS 快速获得候选近邻。

> **定义 2.6　近邻选择**　给定一个点 p 和它的候选近邻 C，近邻选择通过获得 C 的子集来更新 $N(p)$。

- **C3：近邻选择（neighbor selection）**

基于图的 ANNS 算法在近邻选择部分主要考虑两个因素：距离和空间分布。由于 $p \in S$，距离因素保证所选近邻尽可能靠近 p，而空间分布因素使近邻尽可能均匀地分布在 p 的各个方向。对于 $x \in C$，$\forall y \in N(p)$，如果 $\delta(x, y) > \delta(y, p)$，则 x 将加入 $N(p)$。为了更灵活地选择近邻，可以在距离函数上增加参数 α，即 $\alpha \cdot \delta(x, y) > \delta(y, p)$，这样可以更好地控制近邻的分布。在空间分布因素方面，可以设置一个角度阈值 θ，对于 $x \in C$，$\forall y \in N(p)$，如果 $\arccos(x, y) < \theta$，x 将加入 $N(p)$。

- **C4：种子预处理（seed preprocessing）**

不同的算法在种子预处理和连接性之间可能存在不同的执行顺序，一般来说，基于图的 ANNS 算法以静态或动态的方式实现种子预处理。对于静态方法可以有不同的策略，例如选择固定顶部顶点、使用 S 的近似中心点或随机选择的顶点来作为种子。而对于动态方法，通常的做法是附加其他索引（例如采用 KD 树或者散列方法）来获取种子。

- **C5：图连通（connectivity）**

递增方法在生成图的内部确保连通性，优化方法通常利用深度优先遍历来实现连通性，而分治方法则通过多次执行数据集划分和子图构建来确保连通性。

3. 基于量化的方法

基于树的方法和基于图的方法，均通过减少需要计算距离的向量个数来实现快速查询，与它们不同，基于量化的方法则使用量化之后的向量取代原始向量参与距离计算，通过减少单次距离计算时间开销的方式加速查询。在稠密向量检索中最具代表性的量化方法之一就是乘积量化（product quantization，PQ）[42]，它采用先分割向量然后对每部分进行聚类的策略实现量化。PQ 提供了 3 个重要特性：（1）把输入向量压缩成短码（比如 64 位 PQ 编码），能够一次性处理内存中近 10 亿数据；（2）原始向量和 PQ 编码之间的近似距离能够高效计算，能够对原始欧氏距离进行良好估计；（3）数据结构和编码算法简单，能够与其他索引结构混合使用。PQ 及其扩展方法是处理大规模数据的近似最近邻搜索的最具代表性的方法之一，广泛应用于实际的检索系统中。

基本概念

在基于量化的索引方法中，数据集中的每个向量都被量化为一个短码——PQ 编码，查询时使用查找表搜索 PQ 编码。它假设向量集合中共有 N 个 d 维向量，对于其中的第 i 个向量 $\boldsymbol{x}_i = \left(x_{i,1}, x_{i,2}, \cdots, x_{i,d}\right)$，PQ 首先将其等分为 m 份，即 $\boldsymbol{x}_i = \left(\mu_1(\boldsymbol{x}_i), \mu_2(\boldsymbol{x}_i), \cdots, \mu_m(\boldsymbol{x}_i)\right)$，其中 $\mu_n(\boldsymbol{x}_i) = \left(x_{i,\frac{(n-1)d}{m}+1}, x_{i,\frac{(n-1)d}{m}+2}, \ldots, x_{i,n\frac{d}{m}}\right)$；然后，对每一个 $\mu_n(\boldsymbol{x}_i)$ 进行聚类，得到 k 个聚类中心；最后，将向量 $\boldsymbol{x}_i$ 量化表示为 $q(\boldsymbol{x}_i) = \left(q_1(\boldsymbol{x}_i), q_2(\boldsymbol{x}_i), \cdots, q_m(\boldsymbol{x}_i)\right)$，其中 $q_n(\boldsymbol{x}_i)$ 是与 $\mu_n(\boldsymbol{x}_i)$ 距离最近的一个聚类中心。在完成对向量的量化之后，就可以用向量的量化结果代替原始向量参与距离计算。由于向量每一部分的聚类中心均是已知的，通过预先计算并存表的方式，可以将计算查询向量与全部向量之间距离的时间复杂度，由 $O(Nd)$ 降低至 $O(Nm)$。实践中，PQ 经常结合倒排文件系统（inverted file system，IFS）一起使用，进一步提升检索的速度。

- **编码方法**

给出维向量，将其表示成个子向量的串联。

$$x = [\underbrace{x_1, x_2, \cdots, x_{D/M}}_{x^{1^T}}, \cdots, \underbrace{x_{D-D/M+1}, \cdots, x_D}_{x^{M^T}}]^T$$

$$= \left[x^{1^T}, \cdots, x^{M^T} \right]^T$$

其中，第 m 个子向量表示为 $x^m \in \mathbf{R}^{\frac{D}{M}}, m \in \{1, \cdots, M\}$ 。

编码过程以子向量为最小单位，将每个子向量独立编码为一个标识符，并将向量表示为标识符的串联。训练过程中为每个 m 创建一个子码表 $C^m = \left\{ c_k^m \right\}_{k=1}^K$ ，将 $c_k^m \in \mathbf{R}^{\frac{D}{M}}$ 叫作子码字。每个子码表的子码字数量 K 是由用户指定的参数。C^m 通过对训练集向量的第 m 个部分进行 k-means 聚类得到。第 m 个子编码 $i^m(x^m)$ 从 C^m 返回的最近子码字得到。给定输入向量 x 和子码表 $C = \left\{ C^m \right\}_{m=1}^M$ ，量化误差公式为：

$$e(x;C) = \sum_{m=1}^M \min_{k \in \{1, \cdots, K\}} \left\| x^m - c_k^m \right\|_2^2$$

- **解码方法**

原始向量能够从 PQ 编码近似还原，向量 x 的 PQ 编码表示为 $i(x) = i_x = \left[i^1, \cdots, i^M \right]^T \in \{1, \cdots, K\}^M$ 。近似向量 $\tilde{x} = i^{-1}(i_x) = i^{-1}\left(\begin{bmatrix} i^1 \\ \vdots \\ i^M \end{bmatrix} \right) = \begin{bmatrix} c_{i^1}^1 \\ \vdots \\ c_{i^M}^M \end{bmatrix}$ ，

解码器 $i^{-1}(\cdot)$ 用 PQ 编码从子码表 $C = C^1 \times \cdots \times C^M$ 获取子码字。

搜索过程

查询特征向量 $y \in \mathbf{R}^D$ 和 PQ 编码原向量 x 之间的欧氏距离 $y \in \mathbf{R}^D$ 能被高效估计，该过程称为非对称距离计算（asymmetric distance computation, ADC）[43]。非对称距离 $\tilde{d}(y, x)^2$ 表示查询向量与从 PQ 编码还原的向量之间的欧氏距离：

$$d(y, x)^2 \approx \tilde{d}(y, x)^2 = d(y, \tilde{x})^2$$

通过解码 $\tilde{x}$ 直接计算距离和线性搜索原始向量，两者的复杂度相似，故一般不采用解码的方式计算查询与候选文档向量的距离。高效率的非对称距离计算首先构造距离查找表然后获取距离。对于 y 的每个子向量 $y^m \in \mathbf{R}^{\frac{D}{M}}$（$m \in \{1, \cdots, M\}$），计算 y^m 和 K 个子码字 $c_k^m \in C^m$ 之间的距离查找表 $A : \{1, \cdots, M\} \times \{1, \cdots, K\} \to \mathbf{R}$，其中：

$$A(m, k) = d\left(y^m, c_k^m\right)^2$$

给定 PQ 编码 $i_x = \left[i^1, \cdots, i^M\right]^{\mathrm{T}}$，非对称距离为：

$$\tilde{d}(y, x)^2 = d(y, \tilde{x})^2 = \sum_{m=1}^{M} d\left(y^m, c_{i^m}^m\right)^2 = \sum_{m=1}^{M} A(m, i^m)$$

构建距离查找表需要进行 $O(DK)$ 次操作，计算查询和 PQ 编码的非对称距离需要进行 $O(M)$ 次查表操作，一次完整的查询总的计算时间复杂度为 $O(DK + MN)$。

索引构建

PQ 编码由 M 个 1 到 K 之间的整数组成，所需内存为 $M \log_2 K$ bit，参数 M 和 K 控制编码质量和内存之间的平衡，用 uchar（8bit）表示整数，K 一般设置为 256，此时 PQ 编码用 $8M$ bit 表示。M 越大会导致更高的准确率和更差的性能，一般设置 $M = 8$ 构造 64 位 PQ 编码。

当数据集里的向量数目 N 非常大时，索引构建的效率仍然不够高，PQ 编码的搜索系统可以结合倒排索引使用。在预处理阶段，将 N 个数据项分成 J 个不相干的组，每组有一个代表向量 $\boldsymbol{\mu}_j \in \mathbf{R}^D$，在每一组中，计算代表向量和其他向量 $\boldsymbol{x}$ 的差距，将 $\boldsymbol{x} - \boldsymbol{\mu}_j$ 进行 PQ 编码并存储为倒排记录表。搜索过程分为两步，先进行粗量化，计算查询 $\boldsymbol{y}$ 和各组代表向量 $\boldsymbol{\mu}_j$ 的差距 $\boldsymbol{y} - \boldsymbol{\mu}_j$，选择最接近的一个组，再进行距离估计，计算 $\boldsymbol{y} - \boldsymbol{\mu}_j$ 和所选择组的倒排记录表中 PQ 编码的非对称距离。

- **PQ 编码优化——预旋转（pre-rotation）**

原始的 PQ 编码只将输入向量均匀划分为子向量，没有考虑数据分布。这通常对于诸如 SIFT 结构的向量有效，但并非总是如此，例如，对于 $\dfrac{D}{M}$ 维子向量没有任何意义。对于这种情况，先将向量用正交矩阵随机旋转使得各维度之间不相关。

优化乘积量化（optimized product quantization，OPQ）[44] 方法迭代计算旋转正交矩阵 $\boldsymbol{R} \in \mathbf{R}^{D \times D}\left(\boldsymbol{R}^{\mathrm{T}} \boldsymbol{R} = \boldsymbol{I}\right)$ 以最小化量化误差。训练阶段重复进行如下两步：

（1）所有向量通过矩阵进行旋转，然后以与 PQ 相同的方式训练码字；

（2）给定经过训练的码字，用正交普鲁克问题（orthogonal procrustes problem）的处理方法来更新矩阵 $\boldsymbol{R}$。

- **基于 PQ 的推广（AQ 方法和 CQ 方法）**

原始 PQ 用 M 个 $\dfrac{D}{M}$ 维子向量串联而成，additive quantizatio（AQ）[45]

和 composite quantization（CQ）[46] 表示 M 个 $\dfrac{D}{M}$ 维向量的和向量。第 m 个子码表表示为 $C^m = \left\{c_k^m\right\}_{k=1}^K$，输入向量仍然编码为 $i(\boldsymbol{x}) = i_x = \left[i^1, \cdots, i^M\right]^{\mathrm{T}}$，但重构的近似向量表示成：

$$\tilde{\boldsymbol{x}} = i^{-1}(i_x) = i^{-1}\left(\begin{bmatrix} i^1 \\ \vdots \\ i^M \end{bmatrix}\right) = \sum_{m=1}^M c_{i^m}^m$$

给定查询 $\boldsymbol{y}$ 和 AQ/CQ 编码 i_x，非对称距离为：

$$d(\boldsymbol{y}, \tilde{\boldsymbol{x}})^2 = \left\|\boldsymbol{y} - \sum_{m=1}^M c_{i^m}^m\right\|_2^2 = \|\boldsymbol{y}\|_2^2 - 2\sum_{m=1}^M \boldsymbol{y}^{\mathrm{T}} c_{i^m}^m + \sum_{m_1=1}^M \sum_{m_2=1}^M \left(c_{i^{m_1}}^{m_1}\right)^{\mathrm{T}} c_{i^{m_2}}^{m_2}$$

上式第一项可以忽略，因为它在查询过程中保持不变。第二项可以和 PQ 中一样需要 $O(DKM)$ 的时间复杂度来预先计算查找表，在线查表需要 $O(M)$ 的时间复杂度。第三项如果和第二项一样在线查表，则需要 $O(M^2)$ 的时间复杂度，这成为计算瓶颈。AQ 方法和 CQ 方法对此提供了不同的解决方式，AQ 方法中使用额外的 1 字节标量量化存储这一项，查询的时间复杂度为 $O(1)$，在 CQ 中，子码字的训练使第三项近似相同的常数。

因为 AQ 和 CQ 是 PQ 的推广，故 AQ 和 CQ 的重建误差小于 PQ，但 AQ 和 CQ 的训练、编码和搜索需要更复杂的步骤，导致需要更多的计算成本。

4. 基于散列的方法

基于散列的方法绝大多数基于局部敏感散列（locality sensitive hashing，LSH）算法[47]，其核心思想是通过使用适当的散列函数，将空间中距离较近的向量，以较大概率映射为相同的散列值。形式化地，对于向量 x、y，常量 R、c 和概率 P_1、P_2，LSH 算法的散列函数需要满足以下条件：当 $d(x,y) \leqslant R$ 时，$h(x) = h(y)$ 的概率大于或等于 P_1；当 $d(x,y) > cR$ 时，$h(x) = h(y)$ 的概率小于 P_2。此时，散列函数为敏感的。在查询阶段，首先通过相同的散列函数将问题向量映射为散列值，然后返回散列值对应的向量集合作为查询结果。

基础的 LSH 算法仅适用于以汉明距离[48]作为度量距离的 0、1 二值向量，然而，实际应用中查询和文档大多被表示为欧氏空间中的向量。Datar 等[49]基于 p- 稳定的假设，提出了一组适用于欧氏空间的散列函数，使得映射之后散列值相同的向量，在空间中的欧氏距离接近。ITQ[50]方法通过随机投影将欧氏空间中的实数向量转换为 0、1 二值向量，以满足一般的 LSH 的使用条件，采用类似设计思想的还有 Li 等[51]提出的方法。除了欧氏距离外，最大内积搜索问题同样存在基于散列的解决方案，ALSH[52]设计了欧氏空间中以内积作为度量方式的一组 LSH 散列函数，并通过理论推导和实验效果证明了提出方法的有效性。

基本概念

本节中，我们首先阐述基于散列的方法相关的基本概念。

❑ **散列函数**：将向量映射到较短的、稠密的散列码的一个或一组函数 $y = h(x)$。其中，x 为原始向量，y 为散列值，h 即散列函数。

❑ **LSH 函数族**：一组能够将输入空间中相似的向量以更高概率映射到相同散列值的函数。

❑ **桶**：经过散列函数映射后具有相同散列值的向量组成的空间称为桶。

❑ **散列表**：由多个桶组成的数据结构，每个桶都通过散列值进行索引，每个向量经过散列后落入且仅落入一个桶。

❑ **汉明距离**：用于比较两个二进制向量的相似度。它的值为两个相同长度二进制向量中在对应位置上不同字符的数目。

搜索过程

基于散列的方法在进行最近邻搜索时主要存在两种搜索策略：散列表查询和快速距离近似。

散列表查询基于构建好的散列表，对于汉明空间维数为 b 的散列码，构建含 2^b 个项的散列表，每个散列表的桶对应一个汉明编码。每个待索引向量 x 被放置在 $h(x)$ 对应的桶中。与计算机科学中避免碰撞（即避免将两个项目映射到同一个桶中）的传统散列算法不同，使用散列表的散列方法旨在使近邻向量的碰撞概率最大。查询时，将查询向量 q 经过散列函数映射后的散列值 $h(q)$ 对应的桶中的向量作为返回值。该策略存在的问题在于，当 b 增大时，散列表的大小呈指数级增加，会浪费大量空间，可以通过对流散列去除空桶等方法进行优化。

快速距离近似执行穷尽式搜索，通过快速计算查询与索引向量散列值之间的距离，将查询与每个索引向量进行比较，并检索距离最小的索引向量作为最近邻候选对象，然后使用原始特征向量计算查询与索引向量之间的真实距离，对散列值检索到的最近邻候选对象重新排序，得到 K 个最近邻。该策略应用了散列值距离计算，成本低、效率高，且散列值由于所占空间小可以全部加载到内存，从而减少磁盘输入输出时间的优点。

索引构建

基于散列的方法在离线状态下建立索引，索引构建过程可分为以下 3 个步骤。

(1) 选取满足局部敏感条件的 LSH 函数族，局部敏感条件的形式化定义如下。对于向量 x、y，常量 R、c 和概率 P_1、P_2，LSH 算法的散列函数需要满足以下条件：当 $d(x, y) \leqslant R$ 时，$h(x) = h(y)$ 的概率大于或等于 P_1；当 $d(x, y) > cR$ 时，$h(x) = h(y)$ 的概率小于 P_2。其中 c 大于 1，P_1、P_2 为 0 到 1 之间的常量。

(2) 根据检索结果的召回率和选择性进行建模，选择性定义为检索到的候选向量数与数据库向量数之比。并用上述标准确定散列表的个数 L、每个表内的散列函数的个数 K、每个表内探测到的桶的个数 T，以及跟 LSH 函数族自身有关的参数 R、c、P_1 和 P_2。

(3) 将所有待索引向量经过 LSH 函数族散列到相应的桶内，构成一个或多个散列表。

不同的距离或相似度度量，具有不同的 LSH 函数族。

对于 L_p 范数距离：基于 p- 稳定分布，可以获得 LSH 函数族 $h_{w,b}(x) = \dfrac{w^{\mathrm{T}} x + b}{r}$，以及它在欧氏空间中的高维版本，即 Leech lattice LSH 函数族 [53]，后者将向量首先映射到 t 维空间，然后使用 Leech lattice 方法分割并进行映射。对于欧氏空间中单位超球上的点，球面 LSH 散列函数将超球上的向量映射到超球上最近的多面顶点。

对于基于角度的距离：对于原始空间中角度距离为 $\theta(\boldsymbol{x}, \boldsymbol{y}) = \dfrac{\boldsymbol{x}^{\mathrm{T}} \boldsymbol{y}}{\boldsymbol{x}_2 \boldsymbol{y}_2}$ 的点 x、y，有随机投影 LSH 函数 $h(\boldsymbol{x}) = \mathrm{sign}(\boldsymbol{w}^{\mathrm{T}} \boldsymbol{x})$，以及它的改进方法超比特 LSH，后者将随机投影分成 G 组，然后对每组的 B 随机投影进行正交，得到新的 GB 随机投影。

对于基于 Jaccard 系数[54]的距离：基于 Jaccard 系数，最小散列方法定义 π 为全集的一个随机排列，则有散列函数 $h(A) = \min_{a \in A} \pi(a)$ 以及同时记录最大值和最小值的最大 - 最小散列方法。

此外，还有基于其他距离（如卡方距离[55]、排序相似性[56]、非度量距离等[57]）的 LSH 函数族，在此不一一赘述。

2.3 小结

本章重点介绍了文本检索中的索引方法，包括传统符号检索和深度文本检索中使用的索引方法，即面向文档符号的索引方法和稠密向量索引方法。对于每一类索引方法，我们首先介绍其对应的文档表示方法，从而根据其文档表示的特点引出相应的索引策略。

在面向文档符号的索引方法（以倒排索引为代表）中，文档通常表示成基于符号的高维稀疏向量，在对文档进行索引存储时，利用文档稀疏表示的特点将其组织成倒排列表实现高效检索，这类方法一个最大的缺陷就是基于词项的稀疏表示难以有效刻画文档的语义信息，在实际检索中经常面临与查询语义失配的问题。近年来，一个重要的研究方向就是利用深度神经网络来学习文档的稀疏语义表示，并结合倒排索引，来提升检索的准确性。

在稠密向量索引方法中，文档通常表示成低维稠密的语义向量，在文档索引存储时，可根据实际检索任务的需要选择合适的索引方法，典型的稠密向量索引方法包括基于树的方法、基于图的方法、基于量化的方法以及基于散列的方法。在这类方法中，文档的语义向量表示通常依赖监督学习得到的表征模型来推断，在训练过程中，文档表征直接使用模型输出的稠密向量表示与查询向量表示来计算相关性，然而，在实际检索时，文档的表示则是经过索引方法转换后得到的向量。这里训练与推断过程中文档表示的不一致使得该类方法的性能受到极大影响。近年来，研究人员开始探索如何学习面向稠密向量索引的文档语义表示方法，该方法目前仍处于起步阶段，未来具有很大的潜力和广泛的应用价值。

第 3 章

深度文本检索

在现代搜索系统的多级流水线架构中，第一阶段的检索需要从上千万个甚至几十亿个文档的集合中快速找到一组潜在的相关文档，因此，第一阶段的检索模型通常需要具有极高的检索效率，每个查询的检索时间通常在毫秒甚至微秒级别，以保证整个检索过程的实时性。同时，由于第一阶段检索的结果是后续精排阶段的输入，所以第一阶段检索模型对于相关文档的判断直接决定了后续精排阶段的准确率的上限，因此，第一阶段的检索通常要求模型具有较高的召回率。为了兼顾检索效率以及检索的召回率，第一阶段的检索通常采用相对简单的模型并利用特定的索引结构来加速检索的过程。

在过去的几十年中，研究人员提出了大量面向第一阶段检索的模型。早期的检索方法一般采用基于词项的检索模型，在这类方法中，查询和文档一般采用离散的符号表示，即词袋表示，并利用倒排索引技术管理大规模文档集，然后利用基于词项的排序模型，如 BM25（运用匹配技术，结合 TF-IDF 权重进行排序），进行第一阶段的文档召回。这种基于词项的模型因逻辑简单、检索高效，在实际应用中取得了良好的召回效果 [1, 2]。然而，这种基于词项的模型仍然存在明显的问题，如下所示。

（1）词的独立性假设使得模型面临经典的词汇不匹配问题 [3, 4]。

（2）词序信息的缺失导致模型无法很好地捕获文档语义 [5]。由于这个问题，基于词项的文档召回模型可能会成为信息检索系统的"拦路虎"，即第一阶段的检索难以召回部分与查询存在语义相关性的文档，导致精排模型无法接触到这些相关文档，从而成为整个搜索系统的性能瓶颈。

为了解决这些问题，早期的研究人员提出了多种技术来改善现有的检索模型，包括查询扩展 [6, 7, 8, 9]、词项依赖模型 [10, 11, 12]、主题模型 [13,14] 和翻译模型 [15, 16] 等。但是，由于这些模型大多是基于离散符号的表示范式的，不可避免地继承了其局限性，因此第一阶段检索的研究进展相对缓慢。

近年来，随着深度学习技术的快速发展，利用深度学习来提升第一阶段检索模型语义匹配性能的研究呈爆炸式增长。自 2013 年以来，词嵌入技术的兴起 [17, 18] 激发了大量的研究，不少工作将其应用于第一阶段检索 [19, 20]。与基于离散符号的表示范式不同，词嵌入是一种稠密的表示，可以为词语之间的语义匹配关系建模，在一定程度上缓解词汇不匹配问题。2016 年之后，随着深度神经模型在精排阶段的语义建模中显示出其强大的能力，研究人员对将深度学习模型应用于第一阶段检索的研究兴趣激增 [21, 22]。考虑到第一阶段检索的效率问题，基于神经网络的第一阶段检索模型一般使用双塔结构，使查询和文档分别得到独立的表示，以便可以对所有文档进行离线编码、构建索引，以支持高效的检索。

从模型产生数据表示的特性来看，基于深度学习的第一阶段检索方法可以分为：改进传统的基于离散符号的表示范式以兼容倒排索引检索的方法 [23, 24]，以及直接在语义空间生成稀疏 / 稠密表示的语义检索模型 [25, 26]。

相比使用词频信息的符号表示和基于精确匹配信号进行检索,这些基于深度学习的检索方法可以更好地捕捉查询和文档的上下文语义,从而可以根据语义匹配信号进行检索,缓解或者解决词汇不匹配问题。

本章重点介绍深度学习方法在第一阶段检索中的应用。3.1 节介绍第一阶段检索的基础知识,包括问题的形式化、经典词项检索模型,以及早期语义检索方法。3.2 节介绍深度检索模型,包括基于稀疏向量表示的检索模型、基于稠密向量表示的检索模型,以及稀疏-稠密向量混合检索方法。最后 3.3 节进行总结。

3.1 基础知识

本节介绍与深度文本检索有关的一些背景知识,包括第一阶段检索的问题形式化表示、经典词项检索方法,以及早期语义检索方法。

3.1.1 问题形式化

第一阶段检索在几乎所有的大规模信息检索应用中都扮演着重要的角色。例如,给定一个查询 q,第一阶段检索的目的是从一个大型语料库 $C = \{d_1, d_2, \cdots, d_N\}$ 中召回所有潜在相关的文档。不同于精排阶段只使用一小部分候选文档,第一阶段检索的语料库大小 N 的取值范围为从数百万(如维基百科的文档数量)到数十亿(如网页的文档数量)。因此,对于第一阶段检索使用的方法来说,提升效率是至关重要的。

形式上,给定一个数据集 $\mathfrak{D} = \left\{(q_i, D_i, Y_i)\right\}_{i=1}^{n}$,其中 q_i 表示用户查询,$D_i = [d_{i1}, d_{i2}, \cdots, d_{ik}]$ 表示查询 q_i 的文档列表,$Y_i = [y_{i1}, y_{i2}, \cdots, y_{ik}] \in \mathbf{R}$ 是 D_i 中每个文档对应的相关性标签。注意,因为不可能手动标注所有的文

档，这里每个查询的带标签文档数 k 通常明显小于语料库大小 N。第一阶段检索的目标是从 $\mathcal{D}$ 学习一个模型 $s(\cdot,\cdot)$，该模型用于给相关的查询 - 文档对 (q,d) 高分，给不相关的查询 - 文档对 (q,d) 低分。理想情况下，当模型 s 的训练损失最小时，文档之间的所有偏好关系都应得到满足，模型 s 将为每个查询生成最优结果列表。

在实际应用中，最常用的损失函数之一是抽样交叉熵损失函数，也称为负对数似然损失函数：

$$L(q,d^+,D^-) = -\log \frac{\exp\big(s(q,d^+)\big)}{\exp\big(s(q,d^+)\big) + \sum_{d^- \in D^-} \exp\big(s(q,d^-)\big)}$$

其中，q 表示查询，d^+ 是 q 的相关文档，而 D^- 是 q 的不相关文档集。

另一个常用的损失函数是铰链损失函数：

$$L(q,d^+,D^-) = \frac{1}{n} \sum_{d^- \in D^-} \max\Big(0,1-\big(s(q,d^+)-s(q,d^-)\big)\Big)$$

其中，n 是 D^- 中的文档数。

一旦模型学习完成，对于任何查询 - 文档对 (q,d)，$s(q,d)$ 给出一个反映 q 和 d 之间相关性的得分，从而可以根据预测的分数对语料库 C 中的所有文档进行排序。

3.1.2 经典词项检索模型

经典词项检索模型包括布尔模型、向量空间模型、概率检索模型和概率语言模型，接下来将对各个方法进行简要的介绍。

- **布尔模型**

布尔（boolean）模型是一种基于集合论和布尔代数的简单的信息检索模型。它是最早和最广泛应用的信息检索模型之一，在 20 世纪 60 年代至 20 世纪 70 年代得到了较快的发展。当时许多商用检索系统，如 DIALOG、STAIRS、MEDLARS 等，都采用了布尔模型。在布尔模型中，文档的逻辑表示使用一个与词典等长的向量来定义。向量的每个分量表示对应词是否在文档中出现，其取值为 0 或 1。查询是常规的布尔表达式，由查询关键词和逻辑运算符（如 "AND" "OR" 和 "NOT"）组成。文本与查询的匹配遵循布尔运算法则，也就是说，查询作为布尔表达式，其运算结果的文档集合作为检索结果。布尔模型的主要优点是检索速度快，且易于表达一定程度的结构化信息。然而，布尔模型没有提供评分函数，不能对检索到的文档进行排序，而且基于布尔模型的检索系统可能返回过多的或者过少的结果文档，通常不能很好地满足用户的需求。

- **向量空间模型**

向量空间模型（vector space model，VSM）[27] 是经典词项检索方法的代表。该模型将查询和文档表示为向量空间中的高维稀疏向量，每个维度对应词汇表中的一个词项，其中每个维度的权重可以由不同的函数[例如词项频率（TF）、逆文档频率（IDF）或它们的组合]确定，代表对应词项在查询 / 文档中的相对重要性。然后，可以使用查询向量和文档向量之间的相似度（通常是点积或余弦相似度）作为查询 - 文档对的相关性度量。最后，可以使用得到的分数选择最相关的前 K 个文档。虽然在向量空间模型中没有关于相关性的显式定义，但是一个隐含的假设就是相关性和查询向量与文档向量的相似度有关，和查询越接近的文档就越相关。向量空间模型因其简单直观而备受关注，成为 20 世纪 60 年代至 20 世纪 70 年代信息检索研究的主要基础之一。SMART 系统就是基于向量空间模型构建的原型检索系统。然而，向量空间模型本身也存在一些限制和不足之处。例如，在使用词袋表示方法的框架下，词项在文档中的相对次序信息是完全被忽略的。目前，向量空间模型已经成为一系列信息检索解决方案的基础，信息检索的概率检索模型和概率语言模型也可以被视为具有不同加权方案的向量空间模型的实例，这将在后面讨论。

- **概率检索模型**

概率检索模型是信息检索中最古老的形式化模型之一，基于概率排序原理对文档的相关性进行排序。它引入了概率论作为理论基础，用于估计查询 q 和文档 d 之间的相关概率 $P(y=1|q,d)$，其中 y 是一个二元随机变量。二值独立模型（binary independence model，BIM）[28] 是最原始和最有影响力的概率检索模型之一。为了能够对相关概率 $P(y=1|q,d)$ 进行实际估计，BIM 引入了一些简化的假设，它将文档和查询表示为布尔向量，这种表示由于没有考虑词项出现的频率和顺序，会导致许多不同的文档可能具有相同的向量表示；而且，BIM 假设词项在文档中的出现是相互独立的，而不考虑词项之间的关联，这些假设通常和事实很不相符。因此，后来提出了一些扩展方法来放宽 BIM 的一些假设。比如已有工作[29] 去掉了词项的独立性假设，给出了一个允许词项之间存在树形依赖的模型。在该模型中，每个词项可能直接依赖于一个其他词项，最后得到一个树形依赖结构。BIM 最初应用于查询和文档长度大致相当的检索场景。然而，对于目前普遍存在的全文文档集搜索，模型需要考虑词项频率和文档长度等因素，因此使用二值向量表示不再合适。基于这一思想，BM25 权重计算机制被引入检索系统，并逐渐发展成为一种基于文档频率、文档长度、词项频率等因素建立概率

模型的方法。在过去几十年中，BM25 模型在学术研究和商业系统中得到广泛应用并取得了成功[2]。基于概率检索模型的 OKAPI 检索系统在 TREC 评测中多次取得优异的成绩。另外，概率检索系统 INQUERY 也享有良好的声誉。目前，概率检索模型在实际中已经应用得非常成熟。

- **概率语言模型**

概率语言模型基于语言建模来衡量文档与查询的相关性，通过为查询 q 生成文档 d 的概率 $P(d|q)$ 显式地建模来评估文档的相关性。概率语言模型[30]为每个文档 d 构建一个语言模型（language model，LM）M_d，然后根据生成查询 q 的可能性，即 $P(q|M_d)$，对文档进行排序。该模型的核心思想是，对于给定的查询，如果某篇文档的概率语言模型能够生成该查询，那么该文档就被认为是一个良好的相关文档。在信息检索中，最早且最基本的概率语言模型之一是查询似然模型（query likelihood model，QLM）。根据贝叶斯公式：

$$P(d|q) = \frac{P(q|d)P(d)}{P(q)}$$

由于 $P(q)$ 对所有的文档来说都一样，因此可以被忽略。文档的先验概率 $P(d)$ 通常可以假定为均匀分布的，因此也可以忽略不考虑。因此，在查询似然模型中，最终的排序是根据 $P(q|d)$ 进行的，即在文档 d 的概率语言模型下生成查询 q 的概率。$P(q|d)$ 可以通过估计每篇文档中词汇的概率分布来计算，在这个概率分布中抽样得到查询关键词的概率。在信息检索中，通常使用多伯努利模型（multi-bernoulli model）或多项式模型（multinomial model）来对文档进行建模。多伯努利模型将待检索的文档表示为特征集合的二值向量或二元向量，而多项式模型则将待检索的文档视为词序列的形式。

在实际使用概率语言模型时，面临的一个经典问题是参数估计的稀疏性。在训练概率语言模型时，通常使用文档本身的词汇频度来训练参数。对于文档中没有出现的词汇，会出现数据稀疏问题，特别是对于词汇不丰富的文档而言。为了解决这个问题，目前已提出了许多平滑方法。当将概率语言模型应用于检索任务时，已有工作[30] 中的实验结果证明了来自概率语言模型的词项权重比传统的 TF-IDF 权重更有效。基于概率语言模型的信息检索模型为信息检索领域开辟了一个非常具有前景的方向。与传统检索模型相比，基于概率语言模型的信息检索模型的一个优点是能够利用统计语言模型来估计与检索相关的参数。总的来说，概率语言模型为建模检索任务提供了另一个视角，并启发了一系列扩展方法[31, 32]。

综上所述，以浅层词汇的方式对相关性进行建模，特别是与倒排索引相结合，使得经典词项检索方法在效率上具有明显优势，也使得从数十亿文档中快速检索成为可能。然而，这种范式也伴随着明显的缺陷，如词汇不匹配问题或不能很好地捕捉文本语义。因此，为了提高第一阶段检索的性能，研究者开始研究更为复杂的语义模型。

3.1.3 早期语义检索方法

从 20 世纪 90 年代到 21 世纪初，人们对提升基于词项的方法在语义检索方面的性能进行了广泛的研究。在这里，我们将简要介绍几种早期语义检索方法。

- **查询扩展**

为了解决查询和文档之间的不匹配问题，查询扩展方法被用于从外部资源中选择词汇来扩展原始查询[9]。查询扩展方法有许多种，通常可

以分为全局方法 [7,8] 和局部方法 [6, 33]。全局方法是早期常用的查询扩展方法之一。该方法需要对全部文档集中的词或词组进行相关性计算和分析，然后根据相关性得分对词进行排序，选择相关性得分最高的词来进行查询扩展。计算相关性得分通常基于词的共现率（即两个词或词组同时出现在同一个文档中的频率）进行，并将结果保存在一种类似同义词字典的特殊数据结构中。在检索开始时，系统会根据查询词在字典中查找与之相关性最高的词，并将其添加到原始查询中进行扩展，生成新的查询。局部方法利用初次检索得到的排名靠前的文档集来调整查询。其中，相关反馈是一种广泛应用的基于局部分析的查询扩展方法。早在1971 年，Rocchio 在 SMART 系统中就采用了相关反馈方法进行查询扩展。其核心思想是从用户认为相关的文档中选择重要的词语或表达式，用于更新原始检索词的权重，增大在相关文档中出现的查询词的权重，同时减小在不相关文档中出现的查询词的权重。最后，根据计算结果进行排序，将相关性得分最高的查询词扩展添加到原始查询中。

一般而言，查询扩展方法并不总能一致地提升检索性能。这主要是因为查询扩展词来自初次检索得到的前 K 个文档形成的伪相关文档集，而这 K 个文档并不都是与查询相关的，将从不相关文档中提取的查询扩展词加入查询中可能会改变原始查询的意图，从而导致主题漂移并降低检索性能。因此，在初次检索结果中确定相关文档，形成高质量的伪相关文档集是避免信息漂移、提高查准率的关键。

- **词项依赖模型**

词项依赖模型试图利用词项依赖性来解决词汇不匹配的问题，其假设查询和文档之间连续或有序的词项匹配表示两者之间有很强的相关性。一种自然的方法便是将词项依赖信息与现有的信息检索方法整合，在计算查询文档的相似度时，除了考虑基本的字级别的得分外，还要同时计算不同依赖程度的词项的得分，但是这种方法能够处理的词依赖的模式有限，不能很好地解决词汇不匹配问题。另一种更有效的方法是识别并利用基于统计而非语法意义的短语[34, 11]。这种方法通过分析文档集中词项对的频率和词项组的近邻关系来确定短语。举例来说，已有工作[34]尝试将基于语料统计得到的短语整合到向量空间模型中。实验发现，考虑查询或文档中的邻近词项，同时考虑查询和文档中的任意两个词项组合成的短语，能够显著提高检索效果。除了基于语料统计的短语之外，已有工作[11]还提出了一种马尔可夫随机场（markov random fields，MRF）模型来为不同的词依赖模式建模，这个模型除了能够为更多的词依赖模式建模以外，还允许模型中融入词项之间不同的依赖特征，是一种基于特征的线性检索模型。需要注意的是，无论是使用基于统计的方法还是基于模型的方法来引入词项依赖信息，都会不可避免地增加模型的复杂度。此外，由于词项组合的灵活性，引入有效依赖词项的同时会不可避免地带来额外的噪声。因此，模型的效果也并不一定像预期的那样显著。虽然这些方法能够捕获特定的语法和语义，但它们的"理解"能力非常有限。如何突破这些简单的计数统计，挖掘更深层次的信号，以便更好地将文档与查询匹配，这是一个悬而未决的问题。

- **主题模型**

主题模型研究关注词与词之间的语义关系，通常通过建立词的共现关系来发现文本中潜在的主题，并根据主题匹配查询和文档。总的来说，主题模型大致可以分为两类：非概率主题模型和概率主题模型。非概率主题模型通常是通过矩阵分解得到的。以隐语义索引（latent semantic indexing，LSI）为例，利用截断奇异值分解（singular value decomposition，SVD）对文档-词项矩阵进行低秩近似，将每个文档表示为主题的混合形式。概率主题模型通常是生成模型，其中每个主题定义为词汇表中词项的概率分布，集合中的每个文档定义为主题的概率分布。应用主题模型提高检索效果的研究主要有两种。一种是获取主题空间中的查询和文档表示，然后根据主题表示计算相关性得分。以 LSI 为例，该方法通过学习线性投影将稀疏的词袋文本向量映射到潜在主题空间中的稠密向量。LSI 的核心思想是假设文本中的词汇之间存在联系，即存在潜在的语义结构，而这种语义结构隐藏在文本中词汇的上下文中。一旦模型学到这样的稠密向量用于表示文本，就可以通过计算它们对应的稠密向量之间的余弦相似度来评估查询和文档之间的相关性得分。另一种研究是将主题模型与基于词项的模型相结合。一种简单而直接的方法是将主题模型和基于词项的模型计算出的相关性得分线性组合起来[35]。另外，概率主题模型可以作为信息检索语言模型的平滑方法[36, 37]，从而显著提高查询似然排序的性能。实际上，单独应用主题模型时性能欠佳。可能的原因包括：（1）主题模型大多是无监督的，学习目标是基于均方误差[38] 或似然概率[35, 39]的重建损失，可能学不到适用于特定检索任务的主题特征；（2）主题模型学习到的词共现关系来自文档，忽略了搜索文本（查询）和写作文本（文档）的语言用法可能不同的事实，当查询和文档之间的异质性比较显著时这个问题更加突出；（3）主题模型将文档表示为紧凑的向量，丢失了词汇级的详细匹配信号。

- **统计翻译模型**

还有一种解决词汇不匹配问题的尝试是利用统计翻译模型。统计翻译模型[15, 16] 将查询视为一种语言中的文本，将文档视为另一种语言中的文本，以实现信息检索。目前，在信息检索领域的应用中，常用的两种统计翻译模型分别是基于单词和基于短语的统计翻译模型。在基于单词的统计翻译模型中，训练方法非常简单，并且信息检索结果的相关性提升很大。但是，基于单词的统计翻译模型只考虑了单词之间的翻译关系，而没有考虑上下文依赖关系，同一个单词在不同的上下文中可能代表完全不同的含义。因此，基于单词的统计翻译模型的一个潜在改进方向是引入上下文依赖关系。基于短语的统计翻译模型是在基于单词的统计翻译模型中引入上下文依赖关系的典型应用。在基于短语的统计翻译模型中，通过以短语为基本单位进行翻译，可成功地引入上下文依赖关系。已有的研究结果表明，与传统的语言模型相比，基于单词和基于短语的统计翻译模型在提高信息检索结果的相关性方面取得了显著进展。然而，由于数据稀疏性的挑战，统计翻译模型训练困难，在大多数情况下并没有比基于伪相关反馈的词项检索更为有效 [92]。因此，统计翻译模型在实际中并没有得到广泛应用。

3.2　深度检索模型

近年来，随着深度神经网络的快速崛起，研究人员也提出了不同的利用深度学习技术提升第一阶段检索性能的模型，包括基于稀疏向量表示的检索模型、基于稠密向量表示的检索模型以及稀疏－稠密向量混合检索方法。基于稀疏向量表示的检索模型采用高维稀疏向量来表示查询和文档，向量中每个维度通常是相对确定的低层语义单元（例如单词、短语等），该模型能更好地捕获细粒度的匹配信息；基于稠密向量表示的检索模型采用低维稠密的语义向量表示查询和文档，向量中单个维度并不具有显式的语义信息，语义相似度的计算依赖整体的向量表示，该模型能更好地为全局的语义信息建模；稀疏－稠密向量混合检索方法则结合上述两种模型的优势来进行文本检索。

3.2.1 基于稀疏向量表示的检索模型

基于稀疏向量表示的检索模型通常用稀疏向量表示每个文档和每个查询，其中只有少量维度是激活的。稀疏表示因其与人类记忆的本质相关，并表现出更好的可解释性而备受关注。此外，稀疏表示可以很容易地集成到现有的倒排索引搜索引擎中，以实现高效的检索。与使用加权词项的传统的词袋表示法相比，基于稀疏向量表示的检索模型的重点是为查询和文档建立连续的稀疏向量，其中的表示需要捕获每个查询和文档的语义。使用这种方法时，查询和文档由少量的"潜在词"表示，其中每个"潜在词"对应构造倒排索引表时的一个维度。经验表明，利用倒排索引可以有效地存储和搜索稀疏表示，这也是稀疏向量检索的一个基本优势。基于稀疏向量表示的检索模型包括两大类主流做法，分别是语义增强的倒排检索方法和隐语义稀疏向量方法。

1. 语义增强的倒排检索方法

用深度学习方法改进传统的基于符号的倒排检索方法，可设计神经模型来重新评估词项权重，或者通过词项扩展的方法提高部分词的权重，从而取代传统的由预定义启发式函数（例如词频）评估词项权重的做法。这类方法利用文档中词的上下文语义信息来估计词重要度或扩展相近语言词项，因此，我们将这类方法统称为语义增强的倒排检索方法。

- **语义增强的权重评估方法**

使用深度学习方法重新评估词项权重的早期方法之一是 DeepTR 模型[40]。DeepTR 利用从大规模文本语料库中学习到的神经词嵌入来构造基于词嵌入的词权重评估方法。具体地说，首先根据词嵌入和查询嵌入的不同，为每个查询词构造特征向量。然后，学习一个回归模型，将特征向量映射到词项的真实权重上。估计的权重可以用来代替倒排索引中由传统方法（如 BM25 或 LM 等）获得的词项权重，生成词袋查询表示，提高检索性能。类似地，已有工作[41]提出了一种基于 FastText 词向量[17]的词项判别值（term discrimination value，TDV）学习方法。该方法以监督学习的方式，通过浅层神经网络将词向量映射成词项判别值，预测结果用于取代原始倒排索引中的 IDF 字段。除了排序目标外，该方法还将词袋文档表示的 L_1 范数最小化，以减少倒排索引的内存占用并加快检索速度，但并没有降低检索质量。

近年来，上下文化的词嵌入方法在许多自然语言处理任务中取得了巨大的成功[42, 43]，因此也有一些工作试图利用上下文词嵌入来估计词的权重。一个经典的方法是基于 BERT 的词权重评估框架（DeepCT）[23]。该方法以上下文感知的方式评估句子／段落中的词项重要性，它将 BERT 学习到的上下文词项表示映射到词项权重，然后用预测的词项权重替换倒排索引中的原始 TF 字段。具体地，原始词频字段被替换为：

$$\widehat{w_{ik}} = w \cdot T_{ik} + b$$

其中，T_{ik} 是在文档 d_i 通过 BERT 之后词项 t_k 对应的表示，w 和 b 分别表示线性映射层的权重和偏置，$\widehat{w_{ik}}$ 是预测的词项权重。对于词项权重预测模型的学习，DeepCT 采用最小化预测权重 $\widehat{w_{ik}}$ 和真实权重 w_{ik} 之间的均方误差（mean square error，MSE）损失，即：

$$\text{loss}_{\text{MSE}} = \sum_i \sum_k \left(w_{ik} - \widehat{w_{ik}} \right)^2$$

真实权重 w_{ik} 可以有不同的定义方式，DeepCT 采用：

$$w_{ik} = \mathrm{QTR}(k,i) = \frac{|Q_{ik}|}{|Q_i|}$$

其中，Q_i 表示与文档 d_i 相关的查询，Q_{ik} 表示包含词项 t_k 的 Q_i 的一个子集。

在 DeepCT 成功经验的基础上，研究人员对该方法进行扩展，进一步提出了 HDCT 模型[44]、SparTerm[45] 来学习文档的词项权重。

* **查询词项扩展方法**

除了显式地预测词项的权重外，还可以对每个文档扩展额外的词项，然后用经典词项检索方法对扩展后的文档进行存储和索引，这样就可以在倒排索引中提升部分关键词项的权重。第一个成功地将深度学习模型应用于查询词项扩展的方法是 doc2query[24] 模型。该方法的基本思想是：训练一个序列到序列模型，给定语料库中的一个文本，生成与该文本可能相关的查询，然后将生成的查询附加到原始文档，形成"扩展文档"。这个扩展过程对语料库中的每一个文本都执行，结果同样被索引。最后，它依赖 BM25 算法从扩展的文档集合中检索出相关的候选文档。当与精排组件相结合时，它在 MS MARCO[46] 和 TREC CAR[47] 检索基准中具有很好的性能。后来，docTTTTTquery 模型[48] 被提出，其采用了更强的预训练模型——T5[49] 来生成查询，与 doc2query 相比可获得更大的收益。总之，使用 doc2query 或 docTTTTTquery 进行文档扩展，用潜在查询扩展文本，从而减少了词汇不匹配的情况，并根据预测的重要性对现有词项重新加权。扩展的文档集合可以像以前一样被索引和使用，既可以单独使用，也可以作为多阶段排序体系结构的一部分。也许是由于它的简单性和有效性，doc2query 已经被改编并成功应用于其他工作，包括科学文献检索，以及帮助用户在产品评论中找到问题的答案。

2. 隐语义稀疏向量方法

学习隐语义稀疏向量可以追溯到语义哈希模型[50]，它使用深层自编码器进行语义建模，通过多层自编码器逐层地对文档的语义进行压缩与抽象，最终得到文档的分布式向量表示。然而，由于语义哈希模型在学习时仅对文档的内容进行独立的语义表示学习，并没有对查询和文档之间的关联关系进行建模，因此它仍然无法超越经典词项检索方法，如 BM25 和 QL。

一种改进语义哈希模型的方法便是在学习文档表示的同时考虑查询与文档的相关性，通过训练集中查询与文档之间的相关性标签，采用监督学习的方式学习适用于检索的文档稀疏表示。例如，SNRM[51] 模型利用深度全连接神经网络来独立地学习每个查询和文档的潜在稀疏表示，通过堆叠多个全连接层，同时学习查询或文档的全局语义信息，将其映射到一个低维稠密的语义向量表示，然后经过一个稀疏映射层将低维稠密的语义向量映射到高维稀疏向量。在训练过程中，除了普通的排序损失函数，SNRM 模型还加入了查询和文档表示的 L1 损失函数，以确保最终得到的表示向量是足够稀疏的，从而可以利用现有的倒排索引结构进行大规模文档的组织和高效的检索。相比语义哈希模型，SNRM 模型不仅能够有效利用查询和文档之间的相关性信息，而且能通过学习潜在的稀疏表示更好地捕捉查询-文档对之间的语义关系，实验表明 SNRM 模型有比传统的基于词项的检索模型更好的性能。但不足的是，它采用全连接层结构，以 n-gram 作为编码单元，因此只能捕获局部依赖关系，不能动态地适应全局上下文。

除了对文档及查询的表示进行稀疏化以外，另一种改进语义哈希模型的有效方法是直接在查询与文档进行交互的过程中利用稀疏化技术，从而加快计算过程。比如在精排阶段，基于交互的神经排序模型取得了非常好的效果，但是由于其在线查询处理所需要付出的时间和空间代价都比较大，因此无法满足第一阶段检索对于查询效率的需求。为了使基于交互的模型适用于第一阶段检索，已有工作[52]提出使用稀疏表示来提高 3 种基于交互的神经排序模型（DRMM[53]、KNRM[54] 和 Conv-KNRM[55]）的效率。该工作研究了一种针对神经排序方法的局部敏感哈希（LSH[56]）近似方法。具体地，它采用 3 种技术来降低查询处理的时间消耗。它使用局部敏感哈希方法将分布式词向量转化成向量，从而可以直接用汉明距离计算两个向量之间的相似度，提高计算查询和文档的交互矩阵的效率；在计算时使用基于直方图的形式，从而显著地降低计算代价；由于 Conv-KNRM 模型需要先对词向量进行卷积操作，这一步操作会带来较大的延迟，因此提出离线计算卷积操作并将计算得到的文档词向量进行 LSH 映射。

3.2.2 基于稠密向量表示的检索模型

深度学习检索模型的最大优点之一是从稀疏表示向稠密表示的转变，它能够捕捉输入文本的语义，从而更好地进行相关性评价。基于稠密向量表示的检索模型通常是双编码器架构，如图 3-1 所示，也称为孪生网络[57]，它由接收不同输入（查询和文档）并独立学习单独的稠密嵌入的双网络组成。它将学习到的稠密表示反馈到匹配层，该匹配层通常通过简单的相似性函数来实现，以产生最终的相关性得分。形式上，给定一个查询 $q \in X$ 和一个文档 $d \in Y$，我们创建一个双塔检索模型，该模型由两个编码函数 $\phi : X \rightarrow R^{k_1}$ 和 $\psi : Y \rightarrow R^{k_2}$ 组成，分别将 X 和 Y 中的词序列映射到它们对应的嵌入 $\phi(q)$ 和 $\psi(d)$。然后定义评分函数 $f : R^{k_1} \times R^{k_2} \rightarrow R$ 来计算查询嵌入和文档嵌入之间的匹配分数：

$$s(q,d) = f\big(\phi(q), \psi(d)\big)$$

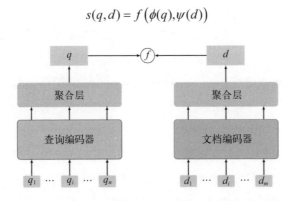

图 3-1 基于稠密向量表示的检索模型的双编码器架构

为了建立合理的第一阶段检索的稠密模型，需要文档表示函数、查询表示函数及评分函数提出若干要求。

(1) 文档表示函数 ψ 应独立于查询，这是因为在部署搜索系统之前，查询是未知的。通过这种方式，可以对文档表示进行预计算并离线索引。基于查询表示独立性的假设，文档表示函数 $\psi(d)$ 在某种程度上可以是复杂的。

(2) 查询表示函数 ϕ 需要尽可能高效，因为它用于在线计算查询的嵌入表示。同时，这意味着 $\phi(q)$ 和 $\psi(d)$ 两个分量可以采用相同或不同的网络结构。

(3) 为满足实时检索要求，评分函数 f 应尽可能简单，以尽量减少在线计算量。

为了满足上述要求，研究者们在设计复杂的网络结构方面付出了大量的精力，以学习用于检索的稠密表示。由于文本检索的异构性，文档往往具有丰富的内容和复杂的结构，因此文档表示函数 ψ 的设计备受关注。根据学习到的文档表示形式，我们可以将基于稠密向量表示的检索模型分为两类，如图 3-2 所示，即词汇级表示学习和文档级表示学习。

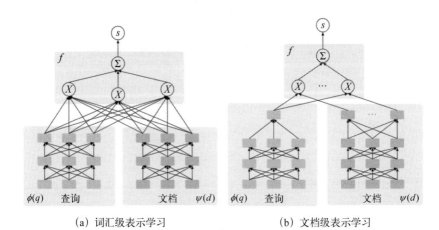

(a) 词汇级表示学习　　　　　　(b) 文档级表示学习

图 3-2　第一阶段检索的不同的基于稠密向量表示的检索模型

1. 词汇级表示学习

词汇级表示学习方法学习查询和文档的细粒度词汇级表示，并将查询和文档表示为词汇嵌入的序列/集合，如图 3-2（a）所示，然后相似度函数 f 计算查询和文档之间的词汇级匹配分数，并将它们聚合为最终的相关性得分。

- **基于分布式语义向量的词汇级表示学习方法**

最简单的词汇级表示学习方法之一便是采用分布式语义向量来表示单词，从而为查询和文档构建词汇级向量表示，这类方法在后续的精排阶段中已被证明能够有效提升排序的性能[53,54]。在传统的基于词汇级的文档检索方法中，单词之间的相似度完全基于精确匹配的原则，难以刻画语义匹配信号，利用词向量可以独立单词之间的语义相似度，因此，最直接的利用词向量的方式之一便是利用词向量的相似度来替换传统检索方法中的精确匹配。例如，文献[58]将 BM25 中的 $tf(q_i, d)$ 替换为 q_i 的单词嵌入和文档中的所有单词嵌入之间的最大余弦相似度，研究结果表明该模型的性能优于在相同条件下的基线方法，而且该方法几乎不依赖任何外部知识，也不需要手动构造特征。

值得注意的是，在一般的词向量训练中，对应于输入词和输出词的模型学习可以得到两组不同的向量，即 IN 和 OUT 嵌入[59]。默认情况下，在训练结束时丢弃 OUT 向量。实际上，IN 和 OUT 嵌入分别捕捉不同类型的语义或语法特征，基于此，DESM 模型[59]在一个大型的未标记查询语料库上训练了 Word2Vec 嵌入模型，并保留了 IN 和 OUT 两组嵌入，从而可以利用嵌入空间来获得更丰富的分布关系。在排序过程中，它们将查询映射到输入空间，将文档映射到输出空间，并通过聚合所有查询-文档对的余弦相似度来计算相关性得分：

$$\text{DESM}_{\text{IN-OUT}}(Q, D) = \frac{1}{|Q|} \sum_{q_i \in Q} \frac{q_{\text{IN},i}^{\mathsf{T}} \cdot \overline{D_{\text{OUT}}}}{\|q_{\text{IN},i}\| \cdot \|\overline{D_{\text{OUT}}}\|}$$

其中：

$$\overline{D_{\text{OUT}}} = \frac{1}{|D|} \sum_{d_j \in D} \frac{d_{\text{OUT},j}}{\|d_{\text{OUT},j}\|}$$

尽管该方法能够利用更丰富的词向量语义信息，然而，在全量文档检索中，它也非常容易出现假阳性匹配，只有在与其他文档排序特征（如 TF-IDF）结合使用，或者用于精排一组较少的候选文档时，才能够取得超越传统检索方法的性能。

• **基于上下文词嵌入的词汇级表示学习方法**

近年来，上下文词嵌入和自监督预训练的结合给自然语言处理领域带来了革命性的变化，在许多自然语言处理任务中取得了不错的成绩[42,43]，也有许多工作使用上下文词嵌入方法来学习查询/文档表示。一般的做法是使用预训练模型（例如 BERT）分别对查询和文档进行编码，得到词条的上下文编码，然后基于这些词条编码进行交互，得到查询和文档的相关性得分。例如，DC-BERT[60] 模型采用两个独立的 BERT 模型来学习查询和文档的词汇级的分布式语义表示，从而计算查询与文档的相似度。如图 3-3a 所示，整个模型分为三部分：编码器模块、Transformer 层和分类层。编码器模块使用两个不同的 BERT 分别对查询和文档进行编码，可以采用预训练好的 BERT 中的层进行初始化。Transformer 层用来对查询和文档交互编码，层数 K 的取值需综合考虑模型容量和效率，不过，考虑效率的因素，一般用的层比较少。通常，Transformer 层也不是从零开始训练的，而是取 BERT 中后面的层的参数进行初始化。此外，为了引入更多的全局信息，在 Transformer 层引入全局位置向量以及 segment 编码，用来区分查询和文档。分类层将查询和文档各

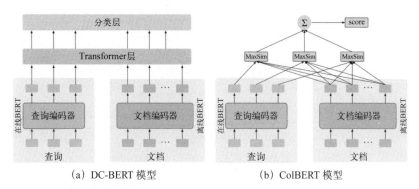

(a) DC-BERT 模型　　　　(b) ColBERT 模型

图 3-3　词汇级表示学习方法

自的表示向量进行拼接，输入全连接层进行二分类。从整体来看，模型的结构是比较简单直接的，但是对于 SQuAD Open 和 Natural Questions Open 的数据集，DC-BERT[60] 在文档检索方面的效率比原来的 BERT 模型的效率提高了 10 倍，同时与新的开放域问答方法相比，保留了大部分（约 98%）的问答性能。

另一种利用 BERT 来学习词汇级表示的方法是 ColBERT[61]，区别于 DC-BERT 模型利用 Transformer 网络来计算查询与文档的相关性得分，它使用一个计算成本更低的词汇级交互函数，即 MaxSim，对细粒度匹配信号进行建模。在该模型中，查询和文档是共享同一个 Transformer 编码器的，在最后做交互取代直接计算内积来求解查询和文档的相关性得分，模型如图 3-3（b）所示。由于查询和文档共享同一个 Transformer 编码器，为了做区分，在输入时会在查询和文档中引入一个用于区分二者的特别词（即 [Q] 代表查询，[D] 代表文档），这个词放在 [CLS] 后面。值得注意的是，这里的上下文词汇表示在编码完之后会进行归一化，并去掉文档中的一些标点符号。具体表达式如下：

$$E_q := \text{Normalize}\big(\text{CNN}\big(\text{BERT}([Q]q_0 q_1 \cdots q_l \#\# \cdots \#)\big)\big)$$

$$E_d := \text{Filter}\big(\text{Normalize}\big(\text{CNN}\big(\text{BERT}([D]d_0 d_1 \cdots d_n)\big)\big)\big)$$

计算查询和文档相关性得分的方式如下：

$$S_{q,d} := \sum_{i \in \left[|E_q|\right]} \max_{j \in \left[|E_d|\right]} E_{q_i} \cdot E_{d_j}^{\mathrm{T}}$$

注意由于前面做过一次归一化，因此这里的结果就是余弦相似度值。然后取查询中词汇和文档中词汇余弦相似度的最大值之和，这也就是这层称为 MaxSim 的原因。在此模型结构下，文档的向量是可以离线计算好的，且 MaxSim 没有需要训练的参数，所以可以利用 FAISS 这类框架进行高效的检索，提高在线检索的效率。在 MS MARCO 和 TREC CAR 上的结果表明，ColBERT 的执行速度相比基本的 BERT 模型要快两个数量级。

除了可以直接利用 BERT 模型来学习词汇级表示之外，还可以直接改进 BERT 原始的结构以适配检索的需求，基本思路是将原始的 BERT 排序模型中底层的查询与文档分解开，使得分解开的部分可以被离线预先计算，从而能够加快模型的计算效率。在这个方向上最具代表性的模型便是 DeFormer[62] 和 PreTTR[63]，如图 3-4 所示，它们利用查询和文档的独立的自注意力模块来代替二者交互的自注意力模块，这种模型结构利用低层的 Transformer 网络来学习一些局部的语言表层特征（词形、语法等），到高层才开始逐渐编码与下游任务相关的全局语义信息，这样，可以认为在低层的网络中，文档的表示可以独立计算而不依赖查询信息。具体来说就是可以在 Transformer 开始的低层分别对问题和文档各自编码，然后在高层部分拼接问题和文档的表征进行交互编码。基于此假设，DeFormer 基于 Transformer 构建了一种变形计算方式：对文档离线编码计算得到第 k 层表征并提前存储，问题的第 k 层表征通过实时计算，然后拼接问题和文档的表征输入后面 $k+1$ 到 n 层，从而大大减少了深度 Transformer 网络的查询时延。值得一提的是，这种方式用于完成有些问答任务（比如 SQuAD）时有较大的准确率损失，所以需要额外添加蒸馏损失项，以将 DeFormer 的高层表征和分类层输出与原始 BERT 模型的差异最小化，这样能控制准确率损失在 1% 左右。区别于 Deformer 模型，PreTTR 模型[63] 在第 k 层和 $k+1$ 层编码器之间加入了一个压缩层和解压缩层。所以在对文档离线计算完第 k 层表征后，先对这些表征进行压缩，再进行存储。在在线服务时，与查询交互之前会先把索引到的文档表征解压缩，再和查询的编码一起输入 $k+1$ 层编码器中。该压缩解压层的参数学习包括一个无监督的预训练阶段和有相关信号监督的微调阶段。PreTTR 模型通过插入一个压缩层，从而将文档向量存储的需求降低了 95%，但其检索性能没有明显降低。

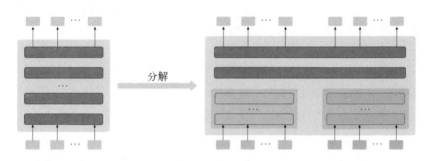

图 3-4　将 BERT 分解为查询范围和文档范围的自注意力

- **短语级的词汇级表示学习方法**

词汇级表示学习方法的一个自然延伸是学习文档的短语级（即 n-gram、句子）表示，最终将文档表示为一个嵌入序列 / 集合。由于查询的长度通常很短，因此，查询通常被看作一个完整的短语，并被抽象为一个向量。然后，相似度函数 f 计算查询与文档中所有短语之间的匹配分数，并聚合这些匹配分数以得到最终的相关性得分。这种短语级的上下文语义表示方法在开放域的问答任务中得到广泛的应用，其中，每个短语相当于一个候选答案，所有文档中候选答案短语的编码就可以预先计算并离线索引，因此它具有显著的可扩展性优势。例如，已有工作[64]提出在开放域问答任务中独立学习文档中的短语表示，利用 BiLSTM 和 self-attention 相结合的模型结构来学习短语级别的上下文表示，然后采用内积函数来计算它们之间的相似度，从而检索出最佳答案（短语）。

在此结构下，也可以采用自注意网络来替换 LSTM 学习短语的上下文表示，例如，文献 [65, 66] 用基于 BERT 的编码器替换了基于 LSTM 的架构，并用上下文化的稀疏表示对 BERT 学习的稠密表示进行补充，从而提高了每个短语嵌入的质量。一方面，使用 BERT 的模型结构，相比 LSTM，可以更好地捕捉上下文语义信息，而且加入的稀疏表示也能够补充精确匹配信号。对于多跳开放域问答任务，MUPPET 模型 [67] 通过考虑查询和知识源中段落的上下文句子级表示之间的相似性来执行检索，它采用一个双塔 BERT 模型分别对查询和段落进行编码，对于查询而言，使用 BERT 中 [CLS] 处对应的编码作为查询的向量表示。对于文档而言，对 BERT 最后一层输出的词条嵌入，在每个句子范围内进行平均池化，从而得到各个句子的上下文化表示；最后，得到段落 P 的句子表示 $(s_1, s_2, \cdots, s_k)$ 和问题 Q 的编码 q 后，按照以下方式计算 P 与问题 Q 的相关性得分：

$$s(Q,P) = \max_{i=1,\cdots,k} \sigma \left(\begin{bmatrix} s_i \\ s_i \circ q \\ s_i \cdot q \\ q \end{bmatrix} \cdot \begin{bmatrix} w_1 \\ w_2 \\ w_3 \\ w_4 \end{bmatrix} + b \right)$$

其中，$w_1, w_2, w_4 \in R^d$ 和 $w_3, b \in R$ 是学习参数。该方法在两个数据集 SQuAD-Open 和 HotpotQA 上取得了较好的性能。

2. 文档级表示学习

文档级表示学习方法通过将每个查询和文档的语义抽象成独立的稠密向量，学习它们粗粒度的全局表示。它通常使用简单的相似度函数 f（例如用于计算点积或余弦相似度的函数）来计算基于查询嵌入和文档嵌入的最终相关性得分，如图 3-2b 所示。

- **基于启发式函数的文档级表示学习方法**

一种直接获取查询嵌入和文档嵌入的方法便是使用一些预定义的启发式函数（例如平均函数）直接聚合它们包含的词的嵌入表示，该方法的关键在于如何定义聚合函数来捕获全局的查询与文档的语义。在这类方法中，FV 模型[19] 较早提出了一种基于高斯混合模型的聚合方式，它首先将单词嵌入映射到一个高维空间，然后通过 Fisher 核框架将其聚合得到文档级表示。具体地，FV 模型使用一个高斯混合模型来模拟嵌入词的生成过程，在这个模型中，每个混合成分都可以被松散地看作一个"主题"。为了将可变长度的 bag-of-embedded-words（BoEW，词袋嵌入）表示转换成更易于比较的定长表示，该方法利用了 Fisher 核框架。虽然 FV 模型的性能优于 LSI 模型，但它的性能并不优于传统的信息检索模型，如 TF-IDF 和 DFR[68] 检索模型。

此外，文献[25] 进一步考虑了端到端连续检索问题，其完全利用所学习的嵌入之间的距离，使用标准的近似最近邻搜索取代通常的离散倒排索引进行搜索。具体地，它们利用文本中词嵌入的均值作为查询或文档表示。在模型训练时，它们采用多任务设置，每个任务的损失函数对应一种负采样策略。实验结果表明，该模型优于基于词项的检索模型（如 TF-IDF 和 BM25），这也说明了稠密检索是一种可行的替代离散检索的方法。

总的来看，在这方面的研究工作通过多种尝试使用词嵌入获得查询和文档的稠密表示，但只实现了相对传统基于词项的检索模型的适度或者局部的改进，这表明人们可能需要更多的面向信息检索定制的词嵌入[69] 和神经网络模型，以实现更高水平的基于文档表示的稠密向量检索方法。

- **基于神经网络的文档级表示学习方法**

除了直接融合现有的词嵌入得到查询和文档的表示外，还可以采用神经网络来学习复杂的融合策略，得到更加丰富的查询或文档的表示。这类方法通常根据具体的检索任务的需求，设计特定的神经网络模型，对查询或文档的输入进行语义抽象。通常情况下，随着神经网络的层数增加，模型对查询或文档的语义抽象层次越高，其具有的泛化能力越强，也就越容易匹配到语义相似的文档；但同时，更深层次的语义抽象也会使得学习到的表达丢失细节的词信息，缺乏对于细粒度匹配信号的判别能力，使得最终的匹配模型容易引入更多的噪声文档。因此，一个好的表示模型需要兼顾表达的语义泛化能力以及判别能力。同时，区别于上述直接组合词汇表示得到文档表示的方法，这类基于神经网络端到端学习的方法通常依赖大规模的标注语料对模型的参数进行优化，一旦模型被优化好，就可以利用学习好的模型离线推断语料库中所有待检索的文档的向量并进行索引。在实际检索中，当有新的查询提交时，只需要对该查询进行一次在线编码得到查询的向量，就可以采用一个有效的最近邻搜索策略来获得相关的文档候选集。例如，在对话系统的回复检索任务中，文献[70]提出使用少数几层的前馈神经网络来编码消息和会话的语义向量，研究人员采用点积的相似度计算函数来度量查询与文档的相关性，该方法已经被成功应用到大型商业电子邮件应用程序中，例如Gmail。

近年来，预训练模型通过在大规模的无监督语料上学习丰富的语言建模能力，在几乎所有的自然语言处理任务中都取得了不俗的效果。它在文本检索中最直接的应用方式之一便是利用预训练模型来学习查询与文档的表示向量，例如，DPR[71]模型提出基于BERT双编码器的结构来学习文本块的稠密嵌入，通过采用两个不同的 BERT 模型来分别对查询和文档进行编码，能够更好地适应检索任务中查询与文档的长度差异巨大的特点，此外，独立的编码器使得查询编码器可以根据实时检索的需求进行在线更新。在编码器的训练过程中，DPR 采用了不同的负例筛选技巧，包括：(1) 从语料库中对文档随机采样，(2) 采用 BM25 返回的排名靠前的文档，(3) 训练集中其他查询对应的相关文档。此外，为了节省计算量，作者也采用了 in-batch 的负例。与 DPR 相似，RepBERT[72]模型也采用基于 BERT 的双编码器来分别获得查询和文档表示。但是与 DPR 中使用 BERT 的 [CLS] 处的向量输出作为文本向量表示不同，RepBERT 将 BERT 输出层所有词条对应的向量进行平均，并将结果作为文本表示，然后将查询和文档表示的内积作为相关性得分。在训练时的负例选取策略上，RepBERT 同时采用了 in-batch 负例和 BM25 检索的负例。

* **基于蒸馏的文档级表示学习方法**

另一种替代方法是将更复杂的模型（例如，词汇级表示学习方法或基于交互的模型）"蒸馏"到文档级表示学习架构。知识蒸馏技术是指利用一个教师模型教导一个学生模型来模仿它。目前知识蒸馏已经被成功应用到各种自然语言处理任务中，例如机器翻译、问答任务等。在文本检索中，基于交互的 BERT 模型能够更好地捕捉查询与文档之间细粒度的匹配信号，获得了远优于基于双塔表示的 BERT 模型，但复杂的交互计算使得其难以满足文本检索阶段对于第一阶段检索效率的需要。因此，一种在文本检索阶段利用交互 BERT 模型能力的方法便是利用蒸馏技术来学习一个双编码器模型，通过蒸馏，让学生模型（基于双塔的 BERT 模型）学习重现更复杂的教师模型（基于交互的 BERT 模型）的输出。在学生模型的训练过程中，除了原来的排序目标，还会加入一个蒸馏目标，从而可以把教师模型中学到的知识迁移到学生模型中，因此，就可以达到在不影响 BERT 双编码器模型推理速度的情况下提高它的预测质量 [73,74]。例如，文献 [73] 提出从 ColBERT 的相关性计算的 MaxSim 算子中蒸馏知识，将其转化为简单的点积运算，从而实现单步近似最近邻搜索，这种方法提高了查询延迟，但大大减少了 ColBERT 繁重的存储需求，同时在有效性方面只有较小的牺牲。除了蒸馏出点积运算的双塔模型外，还有模型将蒸馏出的表达输入全连接层网络来计算最终的相关性得分 [74]。

值得注意的是，对于早期提出的用于信息检索任务的端到端神经模型，如 DSSM[75]、ARC-I[76] 和 QA_LSTM[77]，它们基于不同的网络架构（如全连接神经网络、CNN 和 RNN），学习高度抽象的文档表示。然后利用简单的匹配函数，如余弦相似度和双线性函数，对相似度进行评估。这些模型通常在一开始就被提出用于精排阶段，然而，由于它们具有双编码器结构，理论上它们也适用于第一阶段检索。然而，文献 [53] 的一项研究表明，DSSM、C-DSSM[78] 和 ARC-I 在对整个文档进行训练时的表现要比只对标题进行训练时差。由于这些局限性，这些早期的神经模型大多无法在学术界的基准上超越无监督的基于词项的检索基线（如 BM25），然而，这些模型的缺点也推动了后续专门为第一阶段检索设计的模型的发展。

- **基于多向量的文档级表示学习方法**

除了学习每个查询和每个文档的单个全局表示之外，还有一个更复杂的方法是为查询和文档使用不同的编码器，其中文档编码器将内容抽象为多个嵌入，每个嵌入捕获文档的某些方面，而查询编码器根据每个查询获得一个嵌入。其核心思想是文档通常很长，并且有不同的方面，但是查询通常很短，并且有集中的主题，因此可以分别采用不同的编码方式。例如，Poly-encoder 模型 [26] 加入额外的学习注意机制用于建模和捕捉更多的查询特征信息。如图 3-5 所示，为了充分提取查询的信息，Poly-encoder 在查询编码器中的 Transformer 层的最后输出位置接一层，用来将最后一层的输出做 m 次基于注意力机制的池化，以得到 m 个表示向量：

$$y_{\text{ctxt}}^i = \sum_j w_j^{c_i} h_j，\text{ 其中 } (w_1^{c_i}, \cdots w_N^{c_i}) = \text{softmax}(c_i \cdot h_1, \cdots, c_i \cdot h_N)$$

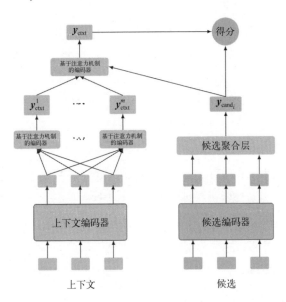

图 3-5　Poly-encoder[26] 中文档级多向量表示方法

其中 y_{ctxt}^i 表示第 i 个表示向量，c_i 是模型参数，候选被编码成单个向量 y_{cand_i}。然后，使用候选的编码向量 y_{cand_i} 和 m 个 y_{ctxt}^i 向量计算，以获得最终得分：

$$y_{\text{ctxt}} = \sum_i w_i y_{\text{ctxt}}^i ,\ \ 其中，\ \ (w_1, \cdots, w_m) = \text{softmax}(y_{\text{cand}_i} \cdot y_{\text{ctxt}}^1, \cdots, y_{\text{cand}_i} \cdot y_{\text{ctxt}}^m)$$

$$s(\text{ctxt}, \text{cand}_i) = y_{\text{ctxt}} \cdot y_{\text{cand}_i}$$

其中，m 的值对模型速度和模型准确率都有影响，需要在准确率和速度之间进行平衡。实验结果表明，使用多个查询表示确实比使用单个查询表示效果更好，也进一步验证了 Poly-encoder 作者的猜想，即单个表示向量的信息确实有限。特别地，当查询的向量表示个数达到 360 时，模型的性能、结果与交互式模型的差距是非常小的，而且与交互式模型相比，Poly-encoder 的推断速度也是可以接受的。值得注意的是，Poly-encoder 模型的设计对查询得到多个特征表示，而对文档仅得到一个特征表示，这与它所处理的任务相关，任务中查询通常有更大的文本长度，而文档通常是一句话。

类似地，文献 [79] 从理论角度分析了基于注意力机制的双编码器模型与稀疏词袋模型的检索能力。结果表明，对于长文档，如果基于注意力机制的双编码器模型想要达到类似 BM25 的检索精确性的话，则文档的定长向量表示维度通常需要很大。因此，研究者提出了 Multi-Vector BERT（ME-BERT）来获得用于查询的单向量表示和用于文档的多向量表示。他们以两个 BERT 作为双编码器，以深层 Transformer 的顶层表示作为查询 / 文档上下文化的嵌入序列，然后将单向量查询表示定义为特殊标记 [CLS] 对应的上下文化嵌入，将多向量文档表示定义为文档中前 m 个词对应的上下文向量。m 的值总是小于 N，其中 N 是文档中的词数。最后，计算出每个文档向量与查询向量的最大内积作为文档和查询的相关性分数。实验结果表明，在开放检索中，ME-BERT 模型比同时期其他方案具有更好的性能。

3.2.3 稀疏 – 稠密向量混合检索方法

基于稀疏向量表示的检索模型以词或潜在词为索引单位，具有很强的区分能力。因此，它们能够识别精确匹配信号，这对于检索任务具有重要意义。另外，基于稠密向量表示的检索模型学习连续嵌入来编码语义信息和软匹配信号，但总是容易丢失底层的细节特征。人们很容易产生一种自然的想法，就是结合这两类模型的优点来构建混合检索方法 [20, 59, 80, 81, 82]，从而在基于稀疏向量表示的检索模型的保真度和基于稠密向量表示的检索模型的泛化之间取得平衡。

- **融合词向量检索与词项检索的方法**

在早期词嵌入技术的发展中，利用基于词嵌入的模型和基于词项的模型联合进行第一阶段检索的工作越来越多。最直接的做法之一是分别使用基于词嵌入的模型和基于词项的模型得到两个相关性得分，然后设计不同的融合策略来对两个得分进行加权得到最终的得分。例如，文献 [82] 提出从文档对齐的可比语料库中学习双语嵌入向量。然后，利用词向量的加权和构造查询和文档表示，用于单语和双语检索。在用词向量得到文本向量表示时，加权的权重是由每个词在整个文档集合中的频率决定的。然后，计算查询向量和文档向量之间的余弦相似度作为相关性分值，用于检索前 k 个文档。然而，在单语检索任务中，基于嵌入的模型并不完全优于传统的语言模型。但是，将基于词嵌入的模型与 uni-gram 模型相结合，得到了更好的结果。也就是说，将神经语义检索模型与基于词项的检索方法相结合，而不是取代，可以更好地观察到神经语义检索模型的有效性。在相关工作 [59, 80] 中得到了一致的观察结果，即直接使用单词嵌入只会在全量检索设置中获得极低的性能，除非将其与基于词项的模型（如 BM25）相结合。

另一种常见的融合基于稀疏向量表示的检索模型和基于稠密向量表示的检索模型的做法便是结合分布式词向量的匹配方法和基于语言模型的检索方法。基于语言模型的检索方法将查询和文档的相关性计算形式化成查询到文档的生成问题，传统的检索方法基于统计语言模型来评估查询生成文档的概率，这类方法将单词看作离散的符号，基于符号之间的精确匹配信号来建模以生成概率；基于稠密向量表示的检索模型中，单词由分布式的语义向量表示，利用分布语义向量来建模以获取查询到文档的生成概率。可以看到，上述两类方法采用不同的单词表示假设，使用统一的相关性建模机制，因此，可以直接将二者融合成一个统计的模型。例如，GLM[20] 方法在统一的语言模型中融合了基于稀疏单词表示的语言模型与基于分布语义单词表示的语言模型，并最终简化成一种线性组合的模型。具体地，从文档 d 观察到查询中一个词项 t 的概率由 3 个部分组成，包括直接词项采样，从文档本身或集合生成一个不同的词项 t'，然后将其转换为观察到的查询项 t：

$$P(t\,|\,d) = \lambda P(t\,|\,d) + \alpha \sum_{t' \in d} P(t,t'\,|\,d)P(t') +$$

$$\beta \sum_{t' \in N_t} P(t,t'\,|\,C)P(t') + (1 - \lambda - \alpha - \beta)P(t\,|\,C)$$

此外，文献[81] 还提出将基于词向量的查询似然与基于标准语言模型的查询似然相结合（线性加权）用于文档检索。它将查询和文档表示为一组嵌入的词向量，其中，文档表示为高斯混合的概率密度函数，后验查询似然由查询点到高斯点质心的平均距离来估计。在标准文本集上的实验表明，线性加权后的相似性度量几乎总是显著优于单独基于语言模型的相似性度量。

• 融合深度检索与词项检索的方法

除了融合基于词向量的方法与传统检索模型之外，也可以结合端到端的检索模型与传统的检索模型来提升检索的性能。如图 3-6 所示，BOW-CNN 结构[83] 包含稀疏和稠密两个得分组件，一个是基于全连接层得到问题的词袋（BOW）表示，另一个是基于卷积神经网络（CNN）得到问题的分布式向量表示。然后，BOW-CNN 模型基于得到的表示分别计算两个部分的相似性分数：对于词袋表示的 $s_{\text{bow}}(q_1, q_2)$ 和对于 CNN 表示的 $s_{\text{conv}}(q_1, q_2)$。最后，它将两个部分的分数结合起来计算最终分数 $s(q_1, q_2)$。实验结果表明，BOW-CNN 比 TF-IDF 等基于词袋的信息检索方法更有效，并且对长文本的检索比纯 CNN 更稳健[83]。

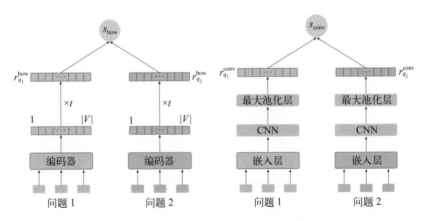

图 3-6　BOW-CNN[83] 中的稀疏和稠密得分组件

此外，文献[84] 提出了一种新的段落检索方法，该方法的训练模型在给定的固定长度（如词典大小）的向量空间中生成查询和文档表示，并通过计算两种表示之间的相似性得分来生成排序得分。与其他表示学习方法不同，它将每个查询表示为稀疏向量，将每个文档表示为稠密向量。对于查询表示，只有查询中出现的词对应的维度的值才是非零的，对于其他没有出现的词都是 0。查询表示向量中每个分量的值表示对应维度的词在查询中的重要性。对于文档表示，对应的稠密向量编码了文档的上下文信息。最后，使用点积来计算查询和文档向量之间的相似度。

更进一步地融合深度神经网络检索模型与传统的检索模型的方法，便是结合预训练神经网络模型来改进第一阶段检索。相对于仅使用分布式的语义表示向量或仅使用稀疏的词袋向量，一种更好的方法是将这两种向量拼接起来共同作为文本片段的表示。例如，在开放域问答的检索中，DenseSPI 模型[65] 事先为每个短语单元构造表示，并为其构建索引，在回答具体查询时，通过近似最近邻搜索得到对应短语作为答案。模型对短语和查询的表示都由稠密向量和稀疏向量两部分拼接组成，稠密向量编码语义信息，稀疏向量编码词汇信息。对于短语编码，其中稀疏向量部分使用每个短语的基于 2-gram 的 TF-IDF 得到，以便能够很好地编码精确的词汇信息。在稠密向量部分的计算中，对每一个词条，先通过 BERT 学习得到词条编码，然后将其分成 4 个部分，以词条 i 为例：

$$h_i \rightarrow \left[h_i^1, h_i^2, h_i^3, h_i^4 \right]$$

那么以第 i 个词条开始、以第 j 个词条结束的短语，它的稠密向量表示为：

$$\boldsymbol{d}_{i:j} = \left[h_i^1, h_j^2, h_i^3 \cdot h_j^4 \right]$$

查询编码和短语编码结构相同，稀疏向量部分也由 TF-IDF 方法直接生成，不同之处在于生成查询的稠密向量部分时不再使用起始和结束的词条编码，而是使用 BERT 中的 [CLS] 对应的编码。最后使用短语和查询向量的内积作为检索答案时的相似度度量指标。在此工作的基础之上，也可以直接利用 BERT 学习每个短语的上下文稀疏表示，以取代 DenseSPI[65] 中基于频率（TF-IDF）的稀疏编码，通过增加上下文稀疏表示来提高每个短语的嵌入质量[66]。此外，CLEAR 模型[85] 使用基于 BERT 的嵌入模型来补充基于词项的模型（BM25）。为了达到两种模型相互补充的效果，CLEAR 模型提出在训练过程中优化基于 BERT 的嵌入模型来学习基于词项的模型的残差。实验结果表明，在没有精排的情况下，CLEAR 模型的检索结果几乎与 BERT 精排的一样准确。

在融合策略上，除了对语义和词项两类建模方法进行线性组合外，也可以利用一个额外的模型来学习不同的组合策略。例如，文献[86] 提出了一种综合利用语义模型（BERT）和词汇检索模型（BM25）的通用混合文档检索方法 Hybrid。在 Hybrid 方法中利用相关模型 RM3 对两个模型的结果进行融合。具体地，先从词汇检索模型得到的结果中归纳出一个 RM3 模型，再用该 RM3 模型对两个模型返回的结果池中的所有文档进行打分，选择得分最高的 K 个文档形成结果列表。深入的实证分析，证明了混合文档检索方法的有效性，同时也揭示了词汇检索模型和语义模型的互补性。

3.3　小结

早期的信息检索系统并没有严格地形式化为多阶段的流水线结构，检索模型通常直接与倒排索引结合进行端到端的文档检索，然而这些检索模型通常依赖词项匹配来衡量查询和文档的相关性，面临着严重的语义失配的问题。为了解决这个问题，更复杂的深度学习被应用到检索系统中以提升检索的准确率，然而由于深度检索模型的计算复杂度高，难以满足检索系统对于模型实时性的要求，因此，如何提升深度检索模型的效率是一个重要的问题。

在深度检索模型中，基于稀疏向量表示的检索模型直接学习稀疏的潜在表示，该模型的优点是可以很容易地与已有的倒排索引相结合，从而实现高效的检索。基于稠密向量表示的检索模型尝试学习连续嵌入，对全局语义信息进行编码以进行相关性匹配，从而提升检索的有效性。虽然研究人员提出了不同的深度检索模型，但这些模型的效果相比现有的词袋检索方法，性能提升幅度有限。此外，学习到的稠密表示往往通过近似最近邻搜索算法进行索引，这将不可避免地面临准确率下降。然而，基于稠密向量表示的检索模型在未来仍有很大的潜力和广泛的应用价值。对于第一阶段的检索，稀疏－稠密向量混合检索方法总是比基于稀疏向量表示和稠密向量表示的检索模型有更好的性能，但是稀疏－稠密向量混合检索方法通常需要更高的空间占用率和检索复杂度。

对于第一阶段检索的深度语义模型，还有一些相关的挑战没有得到很好的解决，而其中有一些涉及未来非常有前途的研究方向。例如，在第一阶段深度检索模型的训练过程中，难负样本选择对模型判别能力有重要影响，然而，复杂的难负样本挖掘策略还没有得到充分的探索；检索模型训练依赖从未标注文档中采样负样本，然而，未标注文档可能是相关文档，因此直接采样可能会存在偏差，需要进一步研究负样本采样的去偏差问题；与精排阶段只考虑有效性指标不同，第一阶段检索注重神经网络模型的有效性和效率，然而，对模型效率的公平对比在信息检索领域并未像在计算机视觉领域（computer vision，CV）一样得到充分的重视和研究；适合评价深度检索模型的数据集很少。我们相信，如果有新的公开基准数据集，特别是长文本（如文档）排序数据集，这可能会鼓励研究人员开发新的深度语义检索模型。

第 4 章

深度文本匹配

信息检索本质上是从大规模文档中获取和给定信息需求相关的信息资源的活动。这一过程需要检索的相关数据资源数量通常是非常庞大的，同时与用户需求相关的数据需要尽可能精确。检索的第一阶段（召回阶段）完成从海量数据中高效召回相关信息的任务，而检索的第二阶段（精排阶段）则需要完成对信息的精准排序，以便更快、更好地满足用户的信息需求。信息检索系统返回的结果通常根据文档与查询的相关程度进行排序，越相关的信息排在越靠前的位置。因此，如何估计查询和文档之间的相关程度，是精排阶段的核心所在。

在过去的几十年中，有许多不同的匹配模型被提出。早期的相关性匹配模型往往利用召回的分数进行排序（由于没有明确区分召回阶段和精排阶段），可以追溯到 20 世纪 70 年代由 Salton 等人 [1] 提出的向量空间模型，它利用词的统计信息来构造查询和文档的特征向量并计算二者的匹配得分。随后，概率论的兴起推动了概率模型在信息检索中的广泛应用，其中最具代表性的方法便包括由 RoBERTson 等人提出的 BM25 模型 [2] 以及 Bruce 等人 [3] 提出的语言模型。早期的这些方法依赖专家知识来设置匹配模型的参数，受限于专家知识，难以刻画复杂的相关性匹配模式。进入 21 世纪后，机器学习方法的研究取得了极大进展，研究人员开始探索利用机器学习来进行相关性匹配建模。由于机器学习方法可以融合大量不同种类和维度的特征，所以相比于早期的匹配模型，它可以生成更加精确的排序结果。但是利用其提升精度需要付出更大的计算代价，尤其是在构建了海量特征的基础上，因此人们提出使用"检索－精排"多级检索模式，将更精确但更耗时的匹配模型放在精排阶段。研究人员提出多种排序学习方法[4,5]，通过指定排序学习目标自动学习模型参数，极大地提升了模型参数设置的灵活性，也提高了相关性匹配模型的性能。然而，早期的排序学习方法仍然需要人工构建复杂的相关性特征来保证模型的有效性。

近年来，深度学习模型在语音识别[6]、计算机视觉[7,8]和自然语言处理[9,10]领域取得了令人激动的突破。这些模型已被证明可以有效地从原始输入中自动学习深层的语义特征，并且具有足够的模型容量来解决复杂的学习问题。这两个特点正是信息检索对匹配模型的要求，因此深度学习模型也被大量地运用到了信息检索的相关性匹配建模当中，形成了深度匹配模型，从而摆脱对人工提取的文本匹配特征的依赖，直接用查询和文档的字面内容作为特征，借助海量的相关性标注数据，学习数据中复杂的相关性匹配模式。近几年预训练方法的提出有效缓解了深度神经网络模型对于大规模高质量标注数据的依赖，进一步推动了深度神经网络在各个领域的广泛应用，基于预训练的深度匹配模型在相关性建模中也取得了巨大的成功，目前已经被广泛应用在商业搜索引擎中。

本章重点介绍深度学习方法在相关性匹配建模中的应用。4.1 节介绍相关性匹配的基础知识，包括问题形式化和排序学习目标。4.2 节重点介绍深度匹配模型，并从多个角度对不同的模型结构进行深入的对比分析，包括对称与非对称的角度、注重表示与注重交互的角度，以及单粒度与多粒度的角度。最后 4.3 节进行总结。

4.1 基础知识

在本节我们介绍匹配模型的一些基础知识，包括信息检索中文本匹配问题的形式化和用于优化匹配模型参数的排序学习目标。

4.1.1 问题形式化

我们先为深度匹配模型定义统一的问题形式。假设 S 是广义查询集，可以是搜索查询、自然语言问题或输入话语的集合，而 T 是广义文档集，可以是文档、答案或回复的集合。假设 $Y = \{1, 2, \cdots, l\}$ 是标签集，其中每个标签代表相应文档与查询的相关性等级，例如 1 代表相关性最低，l 代表相关性最高。在各等级之间存在着偏序关系 $l \succ l-1 \succ \cdots \succ 1$，其中 $\succ$ 表示序的关系。令 $s_i \in S$ 为第 i 个查询，$T_i = \{t_{i,1}, t_{i,2}, \cdots, t_{i,ni}\} \in T$ 为与查询 s_i 相关的文档集，$y_i = \{y_{i,1}, y_{i,2}, \cdots, y_{i,ni}\}$ 是相应文档与查询的标签集，其中 n_i 表示 T_i 和 y_i 的大小，对于任意 $j \in [l, n_i]$，$y_{i,j}$ 表示 $t_{i,j}$ 与 s_i 的相关程度。令 F 为函数类，而 $f(s_i, t_{i,j}) \in F$ 为将相关分数与查询文档对相关联的排序函数。令 $L(f; s_i, t_{i,j}, y_{i,j})$ 是在查询–文档对及其对应标签上使用 f 进行预测时定义的损失函数。因此，可通过最小化有标注数据集上的损失函数来找到最佳排序函数 f^*，如以下公式所示：

$$f^* = \operatorname{argmin} \sum_i \sum_j L(f; s_i, t_{i,j}, y_{i,j})$$

在不失一般性的情况下，可以通过以下统一表示进一步抽象排序函数 f：

$$f(s,t) = g(\psi s, \phi t, \eta s, t)$$

其中 s 和 t 是两个输入文本，ψ、ϕ 分别是从 s 和 t 中提取特征的表示函数，η 是从 (s, t) 中提取特征的交互函数，g 是基于特征表示计算相关性得分的评估函数。

在传统的排序学习方法中，输入文本 s 和 t 通常是原始文本。在深度匹配模型中，我们认为输入可以是原始文本或词嵌入。换句话说，嵌入映射被认为是基本输入层，不包括在 ψ、ϕ 和 η 中。另外，传统的排序学习方法[4]通常将函数 ψ、ϕ 和 η 设置为固定函数（即人工定义的特征函数）。评估函数 g 可以是任何机器学习模型，例如逻辑回归或梯度提升决策树，可以从训练数据中学习相应的参数。对于深度匹配模型，在大多数情况下，所有函数（即 ψ、ϕ、η 和 g）都在神经网络中进行编码，通过训练数据学习这些函数，从而实现有效的排序。

4.1.2 学习目标

深度匹配模型的目标是对给定查询下的候选文档进行相关性排序，因此，匹配模型通常采用排序学习目标对参数进行优化。排序学习是信息检索和机器学习的一个交叉研究热点，它利用机器学习方法在数据集上对大量的排序特征进行组合训练，自动学习参数，优化评价指标以产生相关性匹配模型。根据学习目标的不同，排序学习方法大致可以分为 3 类：单文档排序学习方法、文档对排序学习方法和文档列表排序学习方法。此外，多目标排序学习的方法也经常被人们运用。

单文档排序学习方法的思想是将排序问题简化为一组分类或回归问题。具体来说，给定一组查询－文档对 $(s_i, t_{i,j})$ 及其对应的相关性标签 $y_{i,j}$，单文档排序学习方法通过排序模型对 $(s_i, t_{i,j})$ 直接预测 $y_{i,j}$ 来进行优化。换句话说，单文档排序学习方法的损失函数是基于每个 (s, t) 独立计算的。具体可以表述为：

$$L(f; \mathcal{S}, \mathcal{T}, \mathcal{Y}) = \sum_i \sum_j L\left(y_{i,j}, f(s_i, t_{i,j})\right)$$

例如，在深度匹配模型中使用较多的单文档排序损失函数之一是交叉熵：

$$L(f; \mathcal{S}, \mathcal{T}, \mathcal{Y}) = -\sum_i \sum_j y_{i,j} \log\left(f(s_i, t_{i,j})\right) + (1 - y_{i,j}) \log\left(1 - f(s_i, t_{i,j})\right)$$

其中 $y_{i,j}$ 是具有概率含义的二进制标签或注释（例如点击率），并且 $f(s_i, t_{i,j})$ 需要重新调整为 0 到 1 的范围，可使用 sigmoid 函数 $\sigma(x) = \dfrac{1}{1 + \exp(-x)}$。该损失函数常被用于问答系统的 CNN 的训练中 [11]。

单文档排序学习方法的优点有两个。第一，其损失函数是基于每个查询－文档对 $(s_i, t_{i,j})$ 分别计算的，因此这个方法非常简单且易于扩展。第二，通过单文档排序损失函数学习的神经模型的输出在实践中通常具有实际意义和价值。例如，在广告搜索中，通过交叉熵损失学习点击率的模型可以直接预测用户点击搜索广告的概率，这比直接获得一个广告排序列表的效果更好。

但是，一般而言，单文档排序学习方法在排序任务中的效率较低。这是因为单文档排序损失函数不考虑任何文档偏好或顺序信息，所以当模型损失达到全局最小值时，它不保证能产生最佳的排序列表。因此，针对排序学习问题，文档对排序损失函数和文档列表排序损失函数被直接用来优化文档排序，从而获得了更优的排序范式。

文档对排序学习方法注重于优化文档之间的相对偏好，而不是它们的标签。与最终排序损失是每个文档的损失总和的单文档排序损失函数不同，文档对排序损失函数是基于所有可能的文档对的排列计算的[12]。两个文档的偏序关系是文档对排序学习方法的重点，并且这一关系更能还原排序的问题实质——尽量减少排序列表中错误的偏序对数量。当目前排序列表中的错误偏序对数量为 0 时，说明学习后获得的排序列表和真实排序列表完全一致。通常可以将文档对排序损失函数形式化为：

$$L(f;\mathcal{S},\mathcal{T},\mathcal{Y}) = \sum_{i} \sum_{(j,k),y_{i,j}>y_{i,k}} L\big(f(s_i,t_{i,j}) - f(s_i,t_{i,k})\big)$$

其中 $t_{i,j}$ 和 $t_{i,k}$ 是查询 s_i 对应需要评估的两个文档，并且期待 $t_{i,j}$ 比 $t_{i,k}$ 的相关性更好（即 $y_{i,j}>y_{i,k}$）。例如，众所周知的文档对排序损失函数是铰链损失（Hinge loss）函数：

$$L(f;\mathcal{S},\mathcal{T},\mathcal{Y}) = \sum_{i} \sum_{(j,k),y_{i,j}>y_{i,k}} \max\big(0,\, 1 - f(s_i,t_{i,j}) + f(s_i,t_{i,k})\big)$$

铰链损失已被广泛用于深度匹配模型的训练，例如 DRMM[13] 和 K-NRM[14]，这两个模型会在 4.2 节中介绍深度匹配模型的架构时，进行具体的说明。另一个流行的文档对排序损失函数是成对交叉熵函数，定义为：

$$L(f;\mathcal{S},\mathcal{T},\mathcal{Y}) = -\sum_{i} \sum_{(j,k),y_{i,j}>y_{i,k}} \log\sigma\big(f(s_i,t_{i,j}) - f(s_i,t_{i,k})\big)$$

其中 $\sigma(x) = \dfrac{1}{1+\exp(-x)}$。成对交叉熵函数首先在 RankNet 中由 Burges

等提出 [15]，这被认为是应用神经网络技术对排序问题进行的初步研究之一。

理想情况下，当文档对排序损失最小时，文档间的所有偏序关系都应被满足，并且排序模型将为每个查询生成最优结果列表。这使得文档对排序目标在许多基于相关文档的排序评估效果的任务中均有效。然而，实际上，有以下两个原因，基于文档对的方法优化过程并不总是导致总体的排序指标提高：（1）无法发明一种在所有情况下都能正确预测文档偏好的排序模型；（2）在计算大多数现有排序指标时，并非所有文档对都同样重要。这意味着文档对偏好预测的性能不等于将最终检索结果作为列表的性能。针对文档优化的问题，有很多研究 [16,17,18,19] 进一步提出了文档列表排序学习方法来学习排序。

文档列表排序学习方法的核心思想是构建直接反映文档列表整体排序性能的损失函数——文档列表损失函数，该函数不是每次都比较两个文档，而是与每个查询及其候选文档列表一起计算排序损失。具体地，大多数文档列表损失函数可以形式化为：

$$L(f;\mathcal{S},\mathcal{T},\mathcal{Y}) = \sum_i L\big(\{y_{i,j}, f(s_i, t_{i,j}) \,|\, t_{i,j} \in \mathcal{T}_i\}\big)$$

其中 $\mathcal{T}_i$ 是用于查询 s_i 的候选文档的集合。通常，L 被定义为在以 $y_{i,j}$ 排序的文档列表（我们称为 π_i）和以 $f(s_i, t_{i,j})$ 排序的文档列表上的函数。例如，夏粉等 [16] 提出 ListMLE 用于文档列表排序：

$$L(f;\mathcal{S},\mathcal{T},\mathcal{Y}) = \sum_i \sum_{j=1}^{|\pi_i|} \log P(y_{i,j} \,|\, \mathcal{T}_i^{(j)}, f)$$

其中 $P(y_{i,j} \,|\, \mathcal{T}_i^{(j)}, f)$ 是在用 f 排出的最优排序列表 π_i 中选择第 j 个文档的概率：

$$P(y_{i,j}|T_i^{(j)}, f) = \frac{\exp\left(f(s_i, t_{i,j})\right)}{\sum_{k=j}^{|\pi_i|} \exp\left(f(s_i, t_{i,k})\right)}$$

直观地讲，ListMLE 是在给定当前的排序打分函数 f 的前提下，最优排序列表的对数似然。但是在所有结果位置上计算对数似然在实际中因为计算代价过高而无法做到。因此，在过去的十几年中，已经提出了许多替代函数来实现文档列表排序的目标，例如直接优化 NDCG 的排序函数[20]、基于注意力的排序函数等[19]。

虽然文档列表排序学习方法通常比文档对排序学习方法更符合排序的实质，但这类方法往往计算复杂度高，限制了其应用范围，它更适用于候选文档比较少的精排阶段。考虑到许多实用的搜索系统现在都使用神经模型对文档进行精排，因此文档列表排序学习方法在深度匹配框架中变得越来越流行[19,21,22,23,24,25]。

多目标排序学习方法：在某些情况下，深度匹配模型的优化可能包括同时学习多个排序或非排序的目标。多目标排序方法背后的动机是使用来自一个领域的信息来帮助模型理解来自其他领域的信息。例如，刘晓东等[26] 提出通过训练一个深度神经网络来统一查询分类和 Web 搜索的表示学习过程，其中使用隐变量的最后一层来同时优化分类损失和排序损失。除此之外，一种多重提升算法[27] 也被提出，它可以基于从 15 个国家／地区收集的搜索数据同时学习排序函数。

通常，现有的多任务排序学习方法中使用最多的方法之一是构建对多个任务或领域中的排序普遍有效的共享表示。为此，先前的研究大多集中在构造模型优化的正则化或约束上，因此最终模型不是专门针对单个排序目标而设计的[26,27]。受到生成对抗网络[28] 的最新进展的启发，对抗学习框架[29]被引入训练深度匹配模型中，该框架与可区分来自不同领域的数据的判别器共同学习排序函数。通过训练排序函数以生成无法被判别器区分的表示形式，它们教导排序系统捕获可用于跨领域应用的与领域无关的模式。其重要性体现在它们可以大大缓解特定任务和领域中的数据稀疏性问题。

4.2　深度匹配模型

在本节中，我们将详细介绍深度匹配模型。区别于更关注效率和召回率的深度检索模型，深度匹配模型不需要为了权衡效率和效果将信息压缩到极致，而是可以将深度网络的信息语义表征作用发挥到极致，从而更好地建模查询和文档的细粒度语义匹配信息。本节主要从模型架构的视角入手，对不同的深度匹配模型进行对比分析，从而让读者更好地理解这些深度匹配模型的基本假设和设计原理。

4.2.1　对称与非对称架构

从对输入文本 s 和 t 的不同基础假设开始，深度匹配模型中出现了两种主要架构，即对称架构和非对称架构。

对称架构：对称架构的模型对输入 s 和 t 采用相同的网络结构进行编码和交互，交换输入 s 和 t 在输入层中的位置不会影响最终输出。这类模型通常应用在输入是同质型文本对的匹配任务中，例如社区问答和自动对话任务中，其中 s 和 t 通常具有相似的长度和相似的形式（即都是自然语言句子）。在 ad-hoc 检索或问答任务中，如果仅使用文档标题 / 摘录[21]或简短回答句子[30]来减少两个输入之间的异质性，则可以利用对称架构的模型进行相关性匹配建模。具体来说,有两个代表性的对称架构,即孪生网络和对称交互网络。

孪生网络为网络架构中的对称架构。其代表性模型包括 DSSM[21]、CLSM[22] 和 LSTM-RNN[31]。例如,DSSM 用统一的处理过程来表示两个输入文本,包括字母级别的三元映射和紧跟着的多层感知器(multi-layer perceptron,MLP)转换,即函数 ϕ 与函数 ψ 相同。在得到两段文本的表达之后,余弦相似度函数用于评估两个表示之间的相似度,即函数 g 是对称的。类似地,CLSM[22] 用两个相同的 CNN 替换了表示函数 ψ 和 ϕ,以便捕获局部单词顺序信息。LSTM-RNN[31] 用两个相同的长短期记忆(long short-term memory,LSTM)网络替换了 ψ 和 ϕ,以捕获单词之间的长期依存关系。

对称交互网络使用对称交互功能来建模输入 s 和 t 之间的文本交互。代表性模型包括 DeepMatch[32]、Arc-II[33]、MatchPyramid[34] 和 Match-SRNN[35]。例如,Arc-II 通过从 s 和 t 计算每个 n 元对之间的相似性(即加权和)来定义在 s 和 t 上的相互作用函数 η,该相似性本质上是对称的。之后,利用几个卷积层和最大池化层来获得最终相关性得分,该得分在 s 和 t 上也是对称的。MatchPyramid 定义了在 s 和 t 上的每个单词对之间的对称相互作用函数 η,以捕获细粒度的相互作用信号,然后,它利用对称评估函数 g(即几个二维 CNN 和一个动态池化层)来生成相关性得分。在 DeepMatch 和 Match-SRNN 中可以找到类似的过程。

非对称架构:非对称架构的模型对输入 s 和 t 采用不同的网络结构进行编码和交互,改变输入 s 和 t 在输入层中的位置将获得完全不同的输出。这类模型通常应用在输入是异质型文本对的匹配任务中,例如 ad-hoc 检索任务中查询和文档在长度及内容结构上都具有异质性(如 2.1

节所述）[21,36]。非对称架构也可以用于根据自然语言问题对答案段落进行排名[37]的问答任务。

这里以 ad-hoc 检索场景为例，分析非对称架构。非对称架构的匹配模型通常采用 3 种策略来处理查询和文档之间的异质性，即查询拆分、文档拆分和联合拆分。

- ❑ **查询拆分**：ad-hoc 检索中的大多数查询都是基于关键词的，因此我们可以将查询拆分为多个词来和文档匹配，如图 4-1a 所示。基于这种策略的典型模型是 DRMM[13]。DRMM 将查询分为多个词，并将交互函数 η 定义为每个查询词和文档之间的匹配直方图映射。评估函数 g 由两个部分组成，即用于词项级相关性计算的前馈网络和用于分数汇总的门控网络。显然，这样的架构相对于查询和文档而言是不对称的。K-NRM[14] 也属于这种策略的典型模型，它引入了核池化函数来近似匹配直方图映射，以实现端到端学习。

- ❑ **文档拆分**：在非对称的查询与文档匹配中，存在两种不同的相关性匹配的假设，分别是冗余假设（verbosity hypothesis）和范围假设（scope hypothesis）[2]。在范围假设下，查询可能与文档的部分内容相关，因此可以对文档内容进行拆分以捕获部分内容相关的匹配信号，而不是将其作为一个整体来对待，如图 4-1b 所示。HiNT[38] 模型是基于此策略的代表，该模型首先通过滑动窗口策略将文档划分成若干段落，然后定义通式中的交互函数 η 为查询与每个段落之间的余弦相似度（–1 到 1 之间）和精确匹配（0 或者 1），紧接着定义通式中的评估函数 g 为局部匹配函数和全局决策函数的叠加。

❑ **联合拆分**：顾名思义，联合拆分同时使用查询拆分和文档拆分的假设。基于这种策略的代表性模型是 DeepRank[36] 模型。具体来说，DeepRank 模型将查询拆分成单个查询词，将文档拆分成以每个查询词为中心的上下文段落，该段落的长度是一个可以设置的超参。因此，在通式的框架下，交互函数 η 被定义为以查询词为中心的上下文段落与当前查询之间的若干种相似度。评估函数 g 则包含 3 个部分，即词项级计算、词项级聚合和全局聚合。同样，PACRR[39] 将查询作为一组词项，并使用滑动窗口以及前 k 个词项窗口来拆分文档。

除此之外，在应用于问答的深度匹配模型中，还有另一种流行的策略构成的非对称架构，它利用输入对中的一个输入对另一个输入进行改造，我们将其命名为单向注意力机制，如图 4-1c 所示，该机制通常利用问题表示来获得对候选答案的注意力，从而增强答案的表达。例如，IARNN[40] 和 CompAgg[41] 利用单向注意力机制来获取由一端文本注意力加权之后的另一端文本表达。

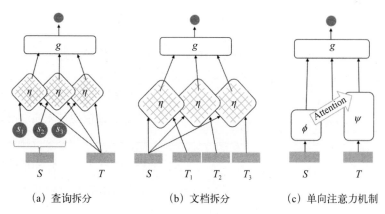

(a) 查询拆分　　　　　(b) 文档拆分　　　　　(c) 单向注意力机制

图 4-1　3 种不同类型的非对称架构

4.2.2 注重表示与注重交互的架构

在相关性匹配任务中，根据网络对于特征（通过表示函数 ϕ、ψ 或交互函数 η 提取得到的特征）的抽取方式的不同，我们可以将现有的深度匹配模型划分为另外两类架构，即注重表示的架构以及注重交互的架构，如图 4-2 所示。除了这两个基本类别外，还有一些深度匹配模型采用混合方式来获得这两种架构在学习相关性特征方面的优点，接下来对这几类匹配架构进行详细介绍。

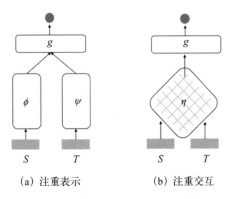

（a）注重表示　　　　　（b）注重交互

图 4-2　注重表示和注重交互的架构

注重表示的架构：注重表示的匹配模型的基本假设是输入文本对的相关性匹配取决于各自输入文本的组合语义之间的全局匹配。这类模型通常利用深度神经网络来构建复杂的表示函数 ϕ 和 ψ，但没有交互函数 η，以获得输入 s 和 t 的抽象表示，并采用一些简单的评估函数 g（例如余弦函数或 MLP）来计算最终的相关性得分。在现有注重表示的深度匹配模型中，ϕ 和 ψ 已应用了不同的深度网络结构，包括全连接网络、卷积网络和递归网络。

基于 MLP 的匹配模型利用深层的全连接神经网络来构建表示函数 ϕ 和 ψ，最早的方法是微软提出的 DSSM 模型[21]，它用统一的处理过程来表示两个输入文本，包括字母级别的三元映射和紧跟着的 MLP，两个语义向量的距离是通过余弦相似度来定义的，最终训练得到语义相似度模型。

基于卷积网络的匹配模型利用多层的 CNN 来构建表示函数 ϕ 和 ψ，代表性的方法有 Arc-I[33]、CNTN[42] 和 CLSM[43]。以 Arc-I 为例，在输入文本 s 和 t 上应用堆叠的一维卷积层和最大池化层来分别生成对应文本的抽象表示；然后，Arc-I 将这两种表示连接起来，利用 MLP 来构建评估函数 g 输出最终的相关性得分。CNTN 和 Arc-I 之间的主要区别在于函数 g，前者使用神经张量层来代替 MLP。而 CLSM 则用两个相同的 CNN 来作为表示函数 ϕ 和 ψ，以捕捉局部的词序信息。

基于递归网络的匹配模型利用递归神经网络（如 RNN 和 LSTM）来构建表示函数 ϕ 和 ψ，代表性的方法有 LSTM-RNN[31] 和 MV-LSTM[44]。其中，LSTM-RNN 使用单向 LSTM 作为 ϕ 和 ψ 来编码输入文本，从而捕捉词之间的长期依赖。而 MV-LSTM 则使用双向 LSTM 来编码输入文本，然后将两个表示之间的前 k 个强匹配信号送到 MLP 以生成相关性得分。

注重表示的架构通过对每个输入文本构建全局的抽象表示来度量两段文本的相关性，可以更好地满足具有全局匹配要求的任务的需求[13]。这种架构更适合于输入短文本的任务（因为通常很难获得长文本的高质量抽象表示），这种任务包括社区问答和自动对话等。此外，这种架构的一个特点是在线计算非常高效，因为一旦确定了表示函数 ϕ 和 ψ，就可以预先计算好输入文本的表示并进行离线存储，同时还能利用不同的索引结构对文本表示进行压缩存储来加速在线计算。

注重交互的架构：注重交互的匹配模型的基本假设是，相关性本质上与输入文本对之间的交互关系有关，因此直接从交互中学习而不是从单个表示中学习将更为有效。这类模型定义了交互函数 η，而不是表示函数 ϕ 和 ψ，并使用一些复杂的评估函数 g（即深度神经网络相关函数）来抽象交互并产生相关性得分。根据交互函数 η 的实现方式的不同，注重交互的匹配模型大致可以分为两类，即非参数交互匹配模型和参数化交互匹配模型。

非参数交互匹配模型直接使用无参数的交互函数建模输入文本对中的细粒度语义单元（例如单词或短语）的交互。在这里，交互函数是反映输入文本对之间的紧密程度或距离而无须可学习参数的函数，常用的交互函数有二元指示函数 [34,36]、余弦相似度函数 [34,45,36]、点积函数 [34,36,38] 和径向基函数 [34]。一方面，交互函数可以直接定义在输入文本对上，例如二元指示函数；另一方面，交互函数也可以是定义在词向量上的，例如余弦相似度函数和点积函数。代表性的方法有 DRMM [13] 和 K-NRM [14]，其中 DRMM 先将 s 和 t 的每个词项进行两两交互，计算相似度，再将相似度以直方图的形式进行分桶。最后，通过全连接层得到匹配分数。K-NRM 与 DRMM 的不同之处在于它使用核池化替换了直方图分桶，来对相似度信号进行处理，使得模型的梯度能够进行回传。

参数化交互匹配模型利用参数化的神经网络来建模输入文本对中的细粒度语义单元的交互，这里的交互函数需要从数据中学习神经网络中的参数，得到具体的相似度 / 距离函数。例如，Arc-II [33] 使用一维卷积层构建两个短语之间的交互；Match-SRNN [35] 引入了神经张量层来模拟输入词之间的复杂交互；一些基于 BERT 的模型 [46] 将注意力机制作为交互函数，来学习输入之间的交互向量（即 [CLS] 向量）。通常，当有足够的训练数据时，将采用参数交互函数，因为它们以更大的模型复杂度为代价带来了模型灵活性。

通过直接基于交互来学习相关性匹配，注重交互的架构通常适合于大多数检索任务。此外，通过使用细粒度的交互信号而不是单个文本的高级抽象表示，该架构可以更好地满足多样的匹配需求：精确匹配模式（例如，精确匹配单词或者连续片段精确匹配）和多样化匹配需求的任务 [13]（例如 ad-hoc 检索任务）。此外，该架构还能够避免编码长文本的困难，因此也更适合于具有异质性输入的任务，例如 ad-hoc 检索和问答。然而，相比于之前注重表示的架构，该架构的在线计算的效率不高。因为对于注重交互的架构，在没有接收到输入对 (s,t) 之前，交互函数 η 不能被预先计算出来，也无法利用高效的索引结构来加速计算。因此，在实际中一种更好的方法是采用"望远镜"的架构设置来同时应用注重交互和注重表示的架构，在这种设置中，可以在搜索的早期阶段应用注重表示的架构来保证处理的速度，而在之后的阶段应用注重交互的架构来提升排序的准确率。

值得注意的是，注重交互的架构中的某些层与计算机视觉（computer vision，CV）领域中的某些网络具有紧密的联系。例如，MatchPyramid [34] 和 PACRR [39] 的设计灵感来自图像识别任务的神经模型，它们通过将匹配矩阵视为二维图像，可以将 CNN 应用于提取分层匹配模式以进行相关性估算。这些联系表明，虽然深度匹配模型主要应用于文本数据，但仍然可以借鉴其他领域在神经结构设计中的许多思想。

混合架构：为了同时利用注重表示和注重交互的架构的优势，一种自然的方法是采用混合架构进行相关性匹配，有两种主要的混合策略来集成这两种架构，即横向组合策略和纵向耦合策略。

横向组合策略是一种松散的混合策略，它简单地同时采用注重表示和注重交互的结构作为子模型，并将它们的输出进行组合来进行最终的相关性估计。使用这种策略的代表性模型是 DUET[47]。DUET 采用类似于 CLSM 的体系结构（即分布式网络）和类似于 MatchPyramid 的体系结构（即本地网络）作为两个子模型，并使用求和运算将来自两个子模型的分数相结合以产生最终相关性得分。

纵向耦合策略是一种紧凑的混合策略，它通常在注重表示的架构上叠加注重交互的架构，一种典型的方法是在两个输入上先分别使用注意力网络来学习二者的表示，然后利用一个额外的注意力网络来建模这两个表示的交互。因此，表示函数 ϕ 和 ψ 以及交互函数 η 被紧凑地集成在一个网络结构中。使用此策略的代表性模型包括 IARNN[40] 和 CompAgg[41]，其中，IARNN 使用基于注意力的递归神经网络来获得句子表示，并通过余弦相似度得到相关性得分；而 CompAgg 则使用基于注意力的 CNN 来得到相关性得分。

4.2.3 单粒度与多粒度的架构

除了网络架构对称性与表示交互建模差异性两个角度之外，深度匹配模型另一个值得关注的角度便是特征建模的粒度，具体地，相关性匹配的建模过程是对输入 s 和 t 进行特征抽取，经由特征抽取函数 ϕ、ψ 和 η 得到不同层次、不同粒度的特征并汇聚到评估函数 g 中产生最终的相关性得分。这里，根据抽取特征的粒度层次划分，可以将现有的深度匹配模型分为两类，即单粒度架构模型和多粒度架构模型。

　　单粒度架构模型：单粒度架构模型的基本假设是，可以基于 ϕ、ψ 和 η 从输入文本中直接提取的、单一粒度的抽象特征来评估文本对的相关性。在此假设下，表示函数 ϕ、ψ 和交互函数 η 实际上被视为评估函数 g 的黑盒。因此，g 仅将其最终输出用于相关性计算。同时，只需简单地查看输入 s 和 t 的单词或单词嵌入的集合/序列，而无须任何其他语言结构。

　　大多数已有的深度匹配模型都属于单粒度架构模型，包括对称的深度匹配模型（例如 DSSM 和 MatchPyramid）或非对称的深度匹配模型（例如 DRMM 和 HiNT），注重表示的深度匹配模型（例如 ARC-1 和 MV-LSTM）或注重交互的深度匹配模型（例如 K-NRM 和 Match-SRNN）。其中，注重表示的深度匹配模型基于输入文本序列抽取高层抽象的文本表示进行匹配，利用的是单一的、全局粒度的语义匹配信号；而大部分注重交互的深度匹配模型基于词构造交互矩阵来抽象匹配模式，利用的是单一的、词粒度的语义匹配信号；在对称的深度匹配模型中，既包含全局粒度的语义匹配，也有词粒度的语义匹配；而非对称的深度匹配模型则大部分包含词粒度的语义匹配。

　　多粒度架构模型：多粒度架构匹配模型的基本假设是，相关性匹配度量同时依赖多个粒度的信号，这些粒度可以来自不同层级的特征抽象，也可以基于不同类型的输入语言单元。在此假设下，表示函数 ϕ、ψ 和交互函数 η 不再是 g 的黑箱，而是对输入的文本进行不同粒度的特征抽取的过程，根据模型在抽取多粒度特征所采用的网络建模方式的不同，可以将其大致分为两类，即垂直扩展多粒度模型和水平扩展多粒度模型，如图 4-3 所示。

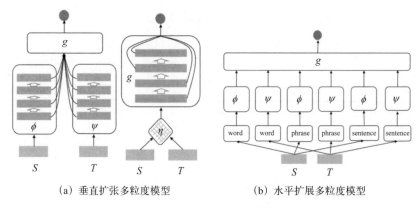

(a) 垂直扩张多粒度模型　　　　　　　　(b) 水平扩展多粒度模型

图 4-3　多粒度架构模型

垂直扩展多粒度模型：这类模型利用深层网络的分层特性，其中，不同层神经网络能够抽取得到不同粒度的特征，因此，可以将不同层抽象得到的特征进行组合并输入最终的评估函数 g 中来计算最终的相关性得分。例如，在 MultigranCNN[48] 中，表示函数 ψ 和 ϕ 被定义为两个 CNN，分别对输入文本进行编码，而评估函数 g 将每一层的输出用于相关性估计。MACM[49] 在 η 的交互矩阵之上构建 CNN，使用 MLP 为 CNN 的每个抽象级别生成逐层的得分，并汇总所有层的得分以进行最终的相关性估计。此外，在 MP-HCNN[50] 和 MultiMatch[51] 中也可以找到类似的方法。

水平扩展多粒度模型：由于这类模型基于语言内在结构（例如词、短语、句子以及段落等）的特点，研究人员通过组合不同类型的语言单元（例如词和短语）作为输入，以更好地进行相关性估算。此类模型通常通过将输入从单词扩展到短语 /n 元组来增强输入，在每种输入形式上单独应用某种神经网络结构进行独立的特征抽取，并为最终的相关性输出聚合所有的粒度。例如，在 ALSH[52] 中，使用 CNN 和 LSTM 来获得输入的字符级别、单词级别和句子级别的表示，然后每个级别的表示通过评估函数 g 进行交互和汇总以产生最终的相关性得分。此外，在

Conv-KNRM[37] 和 MIX[53] 中也可以发现类似的做法。

如我们所见，多粒度架构是单粒度架构的自然扩展，它兼顾语言结构和网络结构来增强相关性估计。通过提取多粒度的特征，模型能够更好地适应那些需要合适粒度的匹配信号来进行相关性计算的任务，例如 ad-hoc 检索[37] 和问答[53]。但是，通常情况下，多粒度的深度匹配模型需要以更大的模型复杂度为代价来实现增强的模型能力。

4.3 小结

在本章中，我们首先对深度匹配模型引入了统一的形式化。接着，我们回顾了一些传统方法并从学习目标的角度介绍了几种常用的不同深度匹配方法，包括单文档排序学习方法、文档对排序学习方法、文档列表排序学习方法。对于深度模型的架构，我们回顾了现有模型以理解其基本假设和主要设计原则，包括如何处理输入，如何考虑相关性特征以及如何进行评估，涉及对称与非对称架构，注重表示与注重交互的架构，单粒度与多粒度的架构。

正如许多基于深度学习的方法的发展出现爆炸式增长一样，关于深度匹配模型的研究也在迅速增加并在应用方面得到了扩展。在模型设计方面，更具泛化性和可解释性的架构是未来的需求，用户不仅希望得到信息需求的满足，也希望通过了解信息匹配的原因，实现对信息系统的信任。在应用扩展方面，深度匹配模型在信息检索之外的领域也有广泛应用，例如推荐系统、对话系统等，能推动其他相关领域的发展。在跨模态理解方面，深度匹配模型可以很容易扩展其文本模态到其他模态，例如图像模态、音频模态、视频模态等，实现跨模态的信息匹配，这也是未来信息领域的重要需求。

第 5 章

深度关系排序

不难发现，匹配模型的输入是查询和文档的各类交互特征，通过这些特征计算的数值来确定其相关性。之所以能将相关性局限到查询和单一文档之间，是因为其中隐含一个非常有趣的准则，即概率排序准则[1]（probability ranking principle，PRP）。该准则是由伦敦大学学院的斯蒂芬·E·罗伯逊教授首次提出的，主要描述了利用概率描述文档的有用性的方法，假设每一个文档可以独立进行打分，并且分数不受其他文档的影响。与其说这是一个准则，倒不如说这是一个假设，即文档独立性假设。前一章介绍的传统的启发式特征和排序学习方法以及深度匹配模型，都是遵从概率排序准则设计的，因此大大减小了相关性度量的复杂度，成为目前精排阶段主流方法遵循的准则。然而，隐含文档独立性假设的概率排序准则并不能保证最优的排序。许多排序任务，如多样性排序[12,13]、伪相关性反馈[2,3,4]、交互式信息检索[5,6,7]等，都无法满足每个文档间的独立性假设。例如在真实的检索场景下，用户的搜索列表中出现了两个几乎一样的文档，即使单独来看，这两个文档的相关性也很高，这会在很大程度上影响用户的搜索体验。这便是搜索场景中的多样性需求，因为在用户浏览过第一个文档之后，第二个文档的有效性就大大降低了，这两个文档的概率评分并不是独立的。

为了解决文档概率评分不独立的问题，一些排序学习工作考虑对文档之间的相关关系进行建模。也就是说，在排序的过程中，不仅考虑文档内容的相关性，同时考虑文档间的关系和排序结果的多样性或新颖性，我们把这样的排序学习模型称为关系排序模型。传统的关系排序模型重点是将文档间的关系进行形式化、指标化，这样就可以利用机器学习的损失函数和强化学习的奖励机制，指导模型学习文档间的关系。由于关系排序中文档间的关系非常复杂，新颖性、有效性、相关性混杂在一起，只能对其中的一项进行有效的建模。因此，传统的关系排序模型往往定义了较为复杂的排序规则，难以适用于复杂场景。

深度学习强调从数据中学习规律，因此当深度学习用于关系排序学习场景中时，对文档间的复杂关系建模可以利用端到端的思想实现，从大数据中进行学习。由于文档关系的建模方式不同，从局部最优到全局最优，可以将深度关系排序模型分为基于贪婪选择的模型和基于全局决策的模型。借助深度学习模型的强大表达能力，文档间的复杂关系不需要被显式建模成规则，而通过大量有监督的信号，隐式地建模在模型的参数当中，以更加符合最终用户的偏好需求。

5.1　基础知识

在本节我们首先介绍关系排序的问题定义和评价指标，然后介绍传统关系排序方法，包括 R-LTR 排序框架、基于强化学习的排序模型和 PAMM 模型等。

5.1.1　问题定义和评价指标

关系排序学习任务将排序过程看作一组文档的顺序选择过程，它突破了传统排序学习方法所依赖的文档独立性假设。因此，如果参考概率排序的方式，针对每个文档的打分需要参考其他文档的分数，这个分数反映了当前文档在当前位置的有效性，通常可以定义为查询与文档的相关性得分以及在给定已选文档集的情况下当前文档的差异性得分的组合。以多样化关系排序任务为例，其差异性得分用于评估排序列表的多样性，即便如此，差异性得分的定义也有许多方式。从内容的角度来看，多样性被定义为排序列表中的文档不仅要与查询相关，而且文档两两间的相似度要尽量低；从新颖性的角度来看，相关性得分只考虑文档自身的内容相关性，而新颖性则依赖于当前候选文档与已选文档列表之间的不相似性，且需要引入已选文档列表不包含的信息；从覆盖度的角度来看，将用户的搜索视为一系列潜在搜索意图的集合，通常用子话题表示其中的单一搜索意图，覆盖度用于度量文档列表对该检索下子话题的覆盖程度。因此，目前对关系排序学习任务的定义并不存在一个通用的公式，而是根据具体的排序需求而定的。除此之外，我们也可以将关系排序学习的目标看作优化整体文档排序列表与用户的查询的相关性，从而使得整体排序列表满足用户的需求。

在传统排序学习领域，常用的排序评价指标有准确率、平均准确率均值、归一化折损累积增益[8]。引入关系排序学习概念之后，评价的方式也新增了基于子话题的评价指标，例如 NDCG-IA、MAP-IA、ERR-IA、α-NDCG[8]（α-normalized discounted cumulative gain，α-归一化折损累积增益）等。

传统排序学习的评价指标主要关注文档的相关性，而忽视了用户的实际意图。假设有个查询 q 分别属于两类子话题 c_1 和 c_2，并且在子话题 c_2 中表示为该查询的概率更大，即用户意图为 c_2 时，构造查询 q 的可能性更大。假设有两个文档 d_1 和 d_2，从相关性的角度看，d_1 与 c_1 相

关性远高于 d_2 与 c_2 相关性。传统排序学习的评价指标倾向于给 (d_1,d_2) 更高的评分，因为这一排序的相关性更高，但是大部分用户通常会觉得 (d_2,d_1) 的顺序更好，因为他们的实际意图更可能是 c_2。因此，对搜索结果的评价需要考虑到用户的意图。

Agrawal 等人提出了一系列基于传统排序学习的评价指标的意图感知（intent-aware）的多样性版本[10]。以 NDCG-IA 为例，对于给定查询 q 以及在其上的各类子话题的分布 $P(c\,|\,q)$，在给定各个文档的子话题标签后，特定排序结果序列的 NDCG 期望值就可以被计算出来。对于查询所包含的每一个用户意图，可以将前 k 个文档中每一个与用户意图不匹配的文档标记为不好的结果，并计算出与用户意图无关的 $\mathrm{NDCG}(Q,k\,|\,c)$，然后对其求均值即可得到 $\mathrm{NDCG\text{-}IA}(Q,k)$：

$$\mathrm{NDCG\text{-}IA}(Q,k) = \sum_c P(c\,|\,q)\mathrm{NDCG}(Q,k\,|\,c)$$

类似地，意图感知的多样性版本的排序指标 MRR-IA 和 MAP-IA 的计算公式如下所示：

$$\mathrm{MRR\text{-}IA}(Q,k) = \sum_c P(c\,|\,q)\mathrm{MRR}(Q,k\,|\,c)$$

$$\mathrm{MAP\text{-}IA}(Q,k) = \sum_c P(c\,|\,q)\mathrm{MAP}(Q,k\,|\,c)$$

其中 c 表示子话题的类别。

$\alpha-\mathrm{NDCG}$ 是一种衡量搜索结果多样性和新颖性的评价指标[9]，它是 NDCG 指标的一种变形。该指标对文档列表中含有新发现的子话题的文档给出奖励，而对缺乏子话题新颖性的文档进行惩罚。这里的变量因子 α 表示对冗余的子话题进行惩罚的程度。等级 k 的 $\alpha-\mathrm{NDCG}$

得分可以通过将标准 NDCG 中的原始增益替换为新颖性收益来定义。α – NDCG 的公式如下：

$$\alpha - \text{NDCG} @ k = \frac{\sum_{r=1}^{k} NG(r) / \log(r+1)}{\sum_{r=1}^{k} NG^*(r) / \log(r+1)}$$

其中 $NG(r) = \sum_s \mathcal{J}(y(r), s)(1-\alpha)^{C_s(r-1)}$ 是排名列表 y 中排在第 r 个位置的文档的新颖性收益，$C_s(r-1) = \sum_{k=1}^{r-1} \mathcal{J}(y(k), s)$ 是包含第 s 个子话题的 $r-1$ 排名内观察到的文档数目，$NG^*(r)$ 是在正排名中排在 r 位的新颖性收益，$y(k)$ 是排名为 k 的文档索引。

5.1.2 传统关系排序方法

秦涛等人在 2008 年提出了一种排序算法[11]，用于解决之前排序学习方法没有考虑要排序的对象之间存在关系的问题，称为关系排序算法。例如，在搜索引擎中，给定一个查询，检索到的文档之间通常存在一定的关系，例如 URL 层次结构、相似性等，有时需要利用这些关系信息对文档进行排序。因此，他们将这个问题表述为一个新的学习问题，称为“对关系对象进行排序学习问题”。在新的排序学习问题中，排序模型不仅被定义为对象的内容（特征）的函数，还被定义为对象之间的关系的函数。其中关系信息的使用方式是预先确定的。它将排序学习任务形式化为优化问题。然后，他们提出了一种执行优化任务的新方法，它是基于支持向量机的实现，他们还使用所提出的方法在网络搜索中的两个排序任务（伪相关反馈和主题蒸馏）上进行了实验，他们所提出的关系排序算法的性能优于基线方法，可以有效地利用关系信息和内容信息进行排序。

具体来说，令 X 是一个 $n×d$ 的矩阵，它表示 n 个对象的 d 维特征；令 R 是一个 $n×n$ 的矩阵，它表示 n 个对象之间的关系；令 y 是一个向量，它代表 n 个对象的排序结果。因此，他们提出的关系排序学习目标是学习如下函数：

$$y = f(X, R)$$

基于此，他们定义了一个损失函数，将学习问题表述为最小化给定训练数据的总损失的问题。

$$\hat{f} = \arg\min_{f \in \mathcal{F}} \sum_{k=1}^{N} L(f(X_k, R_k), y_k)$$

进一步地，将排序函数定义为最小化如下两个目标的线性组合函数：

$$f(h(X; \omega), R) = \arg\min_{z} \{l_1(h(X; \omega), z) + \beta l_2(R, z)\}$$

其中第一个目标可以简化为：

$$l_1(h(X; \omega), z) = h(X; \omega) - z^2$$

第二个目标可以有多种形式，这取决于任务的类型。例如，在伪相关反馈的任务中，第二个目标可以定义为：

$$l_2(R, z) = 1/2 \sum_i \sum_j R_{i,j} (z_i - z_j)^2$$

而在话题蒸馏的任务中，第二个目标可以被定义为：

$$l_2(R, z) = \sum_i \sum_j R_{i,j} \exp(z_i - z_j)$$

关系排序算法为关系排序任务定义了首个可实现的框架，它成为传统关系排序方法的基本框架，之后的工作都基于这个框架进行改进和创新。

R-LTR 排序框架

2013 年朱亚东等人提出了一种新颖的关系排序学习（relational learning-to-rank，r-LTR）框架，对多样性排序的问题进行形式化的建模[12]。在传统的排序学习框架中，排序函数定义在每一个独立文档的内容之上，然后针对某种形式的损失函数进行优化学习。然而，在多样性排序的场景中，对于给定查询，文档排序结果的总体相关性，不仅仅由排序结果中文档自身内容的相关性决定，还取决于这些文档之间的相互影响关系。

形式化地，$X = \{x_1, \cdots, x_n\}$，其中 x_i 是候选文档的 d 维特征向量，$R \in \mathbf{R}^{n \times n \times l}$ 表示描述文档之间关系的三维张量，R_{ijk} 代表文档 x_i 和 x_j 之间的第 k 维关系特征。用 y 表示查询 q 的完美输出，它可以是排序文档打分的向量或者排序文档的结果列表。假设 $f(X, R)$ 是一个排序函数，那么 R-LTR 的目标就是找出函数空间中最好的排序函数。

给定 N 个查询的标注数据为：$\left(X^{(1)}, R^{(1)}, y^{(1)}\right), \left(X^{(2)}, R^{(2)}, y^{(2)}\right), \cdots,$ $\left(X^{(N)}, R^{(N)}, y^{(N)}\right)$，定义的损失函数为 L，针对给定的训练数据，通过最小化总体损失的方式，进行相应的学习过程。学习目标为最小化如下的损失函数：

$$\hat{f} = \arg\min_f \sum_{i=1}^{N} L\left(f(X^{(i)}, R^{(i)}, y^{(i)})\right)$$

多样性的排序总体上是顺序选择的过程。这样的过程如图 5-1 所示。其中，所有的圆代表查询的候选文档集合 X，不同的颜色代表不同的子话题信息。实心圆表示文档与查询是相关的，空心圆表示文档与查询是无关的。圆的颜色越深，就表示文档与查询相关性越强。S 表示已选的文档集合，$X\backslash S$ 表示剩余的候选文档集合，即在给定已排序的文档集合 S，对候选文档集合 $X\backslash S$ 中的文档进行排序。在排序的过程中除了需要对候选文档自身的相关性进行考虑，还要考虑候选文档与已选文档之间的差异性关系。所以在图 5-1 中，对于下一个候选文档，文档 8 比文档 4 更合适。因为文档 8 除了与查询相关外，相对于已选集合 S，还额外地提供了不同的子话题信息。

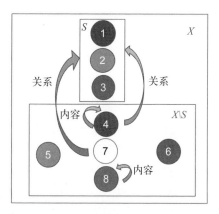

图 5-1 基于顺序选择的排序示例

基于以上排序过程的分析，可以得出排序函数的精确定义。给定查询 q、已选文档集合 S，在剩余候选文档集合 $X\backslash S$ 上的打分函数定义为文档相关性得分以及文档与已选文档集合之间的多样性得分之和，如下所示：

$$f_S(x_i, \boldsymbol{R}_i) = \boldsymbol{\omega}_r^{\mathrm{T}} x_i + \boldsymbol{\omega}_d^{\mathrm{T}} h_s(R_i), \forall x_i \in X \setminus S$$

其中，x_i 表示后续文档 x_i 的相关特征集合；$\boldsymbol{R}_i$ 代表文档 x_i 与其他已选文档集合之间的关系矩阵，$\boldsymbol{R}_{ij}$ 表示文档 x_i 与 x_j 之间的关系特征向量，可以表示为 $(\boldsymbol{R}_{ij1}, \cdots, \boldsymbol{R}_{ijl}), x_j \in S$，这里 $\boldsymbol{R}_{ijk}$ 表示文档 x_i 与文档 x_j 之间的第 k 维特征；$h_s(\boldsymbol{R}_i)$ 表示定义在 $\boldsymbol{R}_i$ 之上的关系函数；$\boldsymbol{\omega}_r^{\mathrm{T}}$ 和 $\boldsymbol{\omega}_d^{\mathrm{T}}$ 表示相应的相关性和多样性特征向量。所以最终的排序函数定义如下：

$$f(X, \boldsymbol{R}) = (f_{S_0}, f_{S_1}, \cdots, f_{S_{n-1}})$$

基于强化学习的排序模型

基于关系排序学习的框架，更为合理的建模方式是将排序表达成序列决策的过程，通过强化学习的方法对排序模型进行优化求解，先将排序序列按照排序位置进行分解。因此，排序过程可以描述为：对于每一个排序位置，搜索引擎依次根据当前排序模型选择文档，以构建出文档排序序列。在此基础上，将搜索引擎看作智能体，用户看作环境，通过马尔可夫决策过程建模排序过程。在强化学习的框架下，可以给出基于策略梯度的方法对排序模型进行优化求解的方案，建立基于策略梯度的排序模型框架。研究人员分别考虑了相关性排序和多页排序的任务，提出了 MDPRank 模型 [13] 和 MDP-MPS 多页排序模型 [15]。

· **MDPRank 模型**

在众多的排序学习模型中，有一部分排序学习模型旨在直接优化评价准则，这些方法采用不同的损失函数和优化技术。直接优化评价准则保证了排序学习直接优化排序任务，然而直接优化评价准则的方法损失函数需要建立在文档序列基础上，样本空间特别大。假设某一个查询

有 M 个候选文档，则会有 $M!$ 个可能的文档序列。如何在如此复杂的输入样本空间复杂度的基础上设计合理有效的排序学习方法，为直接优化排序评价准则带来了困难。此外，评价一篇文档在文档序列中所能带来的信息收益时，不仅要考虑该文档与查询的相关程度，还要考虑一个很重要的信息，就是该文档所处的排序位置。但是排序位置的离散性导致评价准则是不可微的，故而无法建立等价的可微损失函数。如何更好地将损失函数近似信息检索评价准则，也是排序学习模型面临的问题之一。

基于上述的问题，研究人员提出了一个新的排序学习模型。由于该排序学习模型通过马尔可夫决策过程对排序问题建模，因此该模型称为 MDPRank 模型 [13]。MDPRank 将排序过程看成搜索引擎和用户不断交互的过程，将其表达成序列决策的问题，每一个决策为当前的排序位置选取一篇对应的候选文档，将文档排序形式化成一系列 M 个决策。MDPRank 根据训练数据的标注信息计算奖励值，并基于经典的策略梯度方法 REINFORCE[14] 对排序模型直接进行优化求解。

在搜索引擎与用户的每一次交互中，搜索引擎根据用户的查询信息从候选文档集中选出一篇文档传递给用户，用户浏览该文档并反馈对该文档的评价，这个评价就是对搜索引擎选择该文档的奖励。在这里，基于候选文档的标注信息，根据信息检索的评价准则来设计奖励函数，用于模拟用户的反馈。马尔可夫决策过程是一个经典的、用于建模交互系统的数学模型，一般情况下，可以通过五元组 $\langle S, A, \mathcal{T}, R, \pi \rangle$ 来描述。其中，S 表示环境的状态，A 描述智能体的动作，$\mathcal{T}$ 为环境的状态转移函数，R 和 π 分别是奖励函数和智能体选择动作的策略。图 5-2 给出了相关性排序的马尔可夫决策模型。

状态：$s_t = [t, X_t]$
（1）排序位置。
（2）候选文档集合。

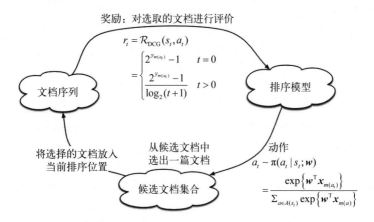

图 5-2　相关性排序的马尔可夫决策模型

在相关性排序中，对于给定查询构建文档序列的过程如下。给定用户的查询 q，包含 M 篇文档的候选文档集合及其对应的标准信息，状态被初始化为 $s_0 = [0, X]$。在每一步 $t = 0, \cdots, M-1$，搜索引擎根据当前的状态 $s_t = [t, X_t]$，选择动作 a_t，从候选文档中选择文档 $x_{m(a_t)}$，将其放入当前排序位置 t。然后进入下一排序位置 $t+1$，状态转变为 $s_{t+1} = [t+1, X_{t+1}]$ 的同时，搜索引擎收到间接奖励 $r_{t+1} = \mathcal{R}_{\mathrm{DCG}}(s_{t+1}, a_{t+1})$。重复上述过程直到构建出完整的文档序列。

MDPRank 使用强化学习的方法，通过试错的机制来优化模型。它采用了经典的策略梯度方法 REINFORCE，来优化 MDPRank 模型的参数 w。其优化目标为最大化初始状态下所能获得累积奖励的期望：

$$J(w) = E_{Z \sim \pi_w}\left[G(\mathcal{Z})\right]$$

其中，$\mathcal{Z} = \left\{ \boldsymbol{x}_{m(a_0)}, \boldsymbol{x}_{m(a_1)} \cdots, \boldsymbol{x}_{m(a_{M-1})} \right\}$ 为搜索引擎根据当前排序模型采样得到的文档序列；$G(\mathcal{Z})$ 为文档序列在初始状态下所能获得的累积奖励，其定义为：

$$G(\mathcal{Z}) = \sum_{k=1}^{M} \gamma^{k-1} r_k$$

值得注意的是，如果 $\gamma = 1$，则累积奖励 G 与信息检索评价准则一致。因此，MDPRank 可以直接优化评价准则。该模型基于策略梯度 REINFORCE 算法根据当前策略以及累积奖励信息来更新策略。

- **多页排序模型**

多页排序模型主要关注排序学习中的多页排序问题。多页排序是指搜索引擎将搜索结果划分为多个搜索结果页，用户依次对搜索结果页进行浏览。

对于多页排序来说，好的搜索引擎应该是动态的。也就是说在排序过程中，搜索引擎应该先根据初始静态模型来构建第一个搜索结果页传递给用户，然后根据用户的点击反馈信息来不断地调整模型，以构建出满足用户信息需求的搜索结果页。相关反馈方法可以有效建模用户的反馈信息，被成功地应用到多页排序模型中。相关反馈方法通过融合原始查询以及反馈信息来更加有效地表达用户查询的需求，但是存在一个很重要的问题，即如何平衡原始查询以及获取相关反馈信息。最简单的解决方式之一是，启发式地设计一个固定的平衡参数对其进行平衡。而对每一个查询以及反馈信息采用统一的平衡参数是不明智的。因此，对于不同的查询以及用户行为特点，需要自适应地选取合适的平衡参数。之前的研究人员提出了一种自适应预测最优平衡系数的学习方法，其设计了 3 种启发式特征，通过构建训练数据，采用机器学习的方法来学习查询和反馈信息之间的平衡。自适应预测最优平衡系数的学习方法依赖于启发式手动抽取的特征以及构建的训练数据集的质量，因此其模型表达能力和学习能力均受到了限制。

为了解决以上问题，研究人员提出了一个新的多页排序学习算法——MDP-MPS 算法[15]。在该排序模型中，采用马尔可夫决策过程来建模多页搜索过程。其中，环境为向搜索引擎提出查询请求的用户，智能体则是搜索引擎。为了减小动作空间，将每一步对应每一个排序位置。在每一步中，搜索引擎根据当前的策略，从候选集中选择一个文档将其放入当前的排序位置，直到构建出一个检索结果排序页。搜索引擎将该页面传递给用户，用户浏览后反馈点击行为信息。在用户点击"下一页"按钮的同时，搜索引擎在获取的用户点击行为的基础上，再次构建搜索引擎搜索页。MDP-MPS 尝试通过深度神经网络来描述用户的反馈信息，以增强排序模型的表达能力；并通过强化学习来训练排序模型，以增强排序模型的学习能力。

接下来将介绍 MDP-MPS 算法，包括如何对多页排序过程进行马尔可夫决策过程建模，如何进行反馈信息建模，以及如何基于策略梯度的方法对模型进行优化求解。

图 5-3 所示为多页排序过程。搜索引擎会依次从候选文档集合中选出一个文档以构建搜索结果页，并将其传递给用户。用户会从上到下浏览结果页中的文档，点击相关文档，跳过不相关文档，并通过点击"下一页"按钮向搜索引擎索求更多的搜索结果。此时，搜索引擎会根据用户在搜索结果页上的点击动作等信息，调整排序策略，从剩余的候选文档中选择文档构建文档序列，构建一个新的搜索结果页传递给用户。

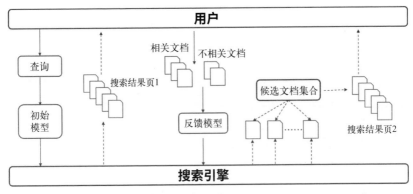

图 5-3 多页排序过程

搜索引擎和用户不断进行交互，完成多页排序任务。我们通过马尔可夫决策过程对交互系统进行建模。图 5-4 展示了对多页排序过程建模的马尔可夫决策过程。在多页排序的场景下，状态 S 描述整个排序过程所处的状态；动作 A 是搜索引擎和用户交互的介质；状态转移 $T(S,A)$

状态：$s_t = \left[\text{pos}_t, X_t^r, X_t^{ir}, X_t^c\right]$

（1）排序位置。
（2）用户点击的文档。
（3）用户跳过的文档。
（4）候选文档集合。

奖励：对选取的文档进行评价

$$r_t = \mathcal{R}_{\text{DCG}}(s_t, a_t)$$

$$= \begin{cases} 2^{y_{m(a_t)}} - 1 & t = 0 \\ \dfrac{2^{y_{m(a_t)}} - 1}{\log_2(t+1)} & t > 0 \end{cases}$$

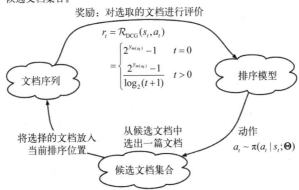

文档序列

排序模型

动作
$a_t \sim \pi(a_t \mid s_t; \Theta)$

将选择的文档放入
当前排序位置

从候选文档中
选出一篇文档

候选文档集合

图 5-4 对多页排序建模的马尔可夫决策建模

描述状态是如何进行变化的；奖励 $R(s, a)$ 对搜索引擎所选择的文档进行评价，计算奖励值来指导搜索引擎的学习得到更好的排序策略，以从用户那里获得更多的奖励；策略 $\pi(a \mid s): A \times S \to [0,1]$ 用来描述搜索引擎如何选择文档构建搜索结果页，一般表达为在候选文档集合上的概率分布。

受相关反馈模型 Rocchio 的启发，MDPRank 建立下面的评分函数：

$$f(a_t, s_t) = g\left(\boldsymbol{x}_{m(a_t)}\right) + \beta \cdot \boldsymbol{x}_{m(a_t)}^{\mathrm{T}} \frac{\sum_k^{N_r} \boldsymbol{x}_k^r}{\left|\sum_k^{N_r} \boldsymbol{x}_k^r\right|} + \gamma \cdot \boldsymbol{x}_{m(a_t)}^{\mathrm{T}} \frac{\sum_k^{N_{ir}} \boldsymbol{x}_k^{ir}}{\left|\sum_k^{N_{ir}} \boldsymbol{x}_k^{ir}\right|}$$

其中，$\boldsymbol{x}_{m(a_t)}$ 为动作 a_t 所选文档的查询 – 文档特征；$\boldsymbol{x}_k^r$ 和 $\boldsymbol{x}_k^{ir}$ 分别表示已排序相关文档和已排序不相关文档对应的查询 – 文档特征；$g(\cdot)$ 为点乘计算；β 和 γ 作为超参数，用于描述已排序相关文档和已排序不相关文档对模型的影响。

评分函数主要由 3 个部分组成：

(1) $g\left(\boldsymbol{x}_{m(a_t)}\right)$ 用于计算仅仅考虑查询、候选文档的得分；

(2) $\beta \cdot \boldsymbol{x}_{m(a_t)}^{\mathrm{T}} \dfrac{\sum_k^{N_r} \boldsymbol{x}_k^r}{\left|\sum_k^{N_r} \boldsymbol{x}_k^r\right|}$ 用于描述已排序相关文档对候选文档的影响；

(3) $\gamma \cdot \boldsymbol{x}_{m(a_t)}^{\mathrm{T}} \dfrac{\sum_k^{N_{ir}} \boldsymbol{x}_k^{ir}}{\left|\sum_k^{N_{ir}} \boldsymbol{x}_k^{ir}\right|}$ 用于描述已排序不相关文档对候选文档的影响。

在以往的排序模型中，β 和 γ 往往是通过一些启发式的规则进行选择，或者基于一些手动抽取的特征进行计算。为了使 β 和 γ 更好地适应不同的查询以及用户在已排序文档的反馈行为，采用循环递归网络来表达用户的反馈行为，并在此基础上计算得到 β 和 γ。其中，β 定义为以已排序相关文档为输入的循环递归网络最后状态的线性加权和。

给定已排序相关文档序列 $\{x_1^r, x_2^r, \cdots, x_{N_r}^r\}$，循环递归网络以递归的方式获得前 k 篇文档的表达：

$$h_k^r = \tanh(V^r x_k^r + U^r h_{k-1}^r)$$

其中，$x_k^r(k = 1, 2, \cdots, N_r)$ 为第 k 个已排序相关档；V^r 和 U^r 为 RNN 参数。我们将循环递归网络最后状态表示为 h_{out}^r，则可以通过以下公式计算 β：

$$\beta - \left\langle w^r, h_{\text{out}}^r \right\rangle$$

其中，w^r 为权重向量。

综上所示，MDP-MPS 多页排序模型的参数为：$\Theta = \{V^r, U^r, w^r,$ $V^{ir}, U^{ir}, w^{ir}\}$。基于策略梯度的方法来进行学习，以最大化搜索引擎从用户获取的奖励：

$$L(\Theta) = E_{\mathcal{E} \sim \pi} \left[\sum_{k=1}^{M \times T} \hat{\gamma}^{k-1} r_k \right]$$

其中，$\mathcal{E}$ 为搜索引擎根据当前策略从候选文档集合中进行采样构建的文档序列；M 为每一个搜索结果页中文档的个数；T 为搜索引擎向用户推送搜索结果页的次数；$\hat{\gamma}$ 为衰减率。

PAMM 模型

搜索结果多样化任务旨在使用训练数据训练涉及查询文档相关性和文档多样性的排序模型。理想情况下，多样化的排序模型应该满足最大边际相关性的标准，以选择与先前选择的文档具有最小相似性的文档。此外，多样化排序学习算法需要直接针对训练数据优化多样性评估准则。然而，现有的方法要么无法对边际相关性进行建模，要么通过最小化与评估准则相关的损失函数来训练排序模型。为了解决这个问题，研究人员在感知器的框架下提出了一种新的学习算法，它采用了排序模型，在排序时最大化边际相关性，并且可以优化训练中的任何多样性评估准则。该算法称为 PAMM[16]（perceptron algorithm using measures as margins，以准则为边缘的感知机算法），首先为每个训练查询构建正负不同的排名，然后反复调整模型参数，使正负排名之间的边际最大化。

具体来说，PAMM 以训练集合 $\{(X^{(n)}, R^{(n)}, J^{(n)})\}_{n=1}^N$ 为输入，以多样化排序评价准则 E、学习步长 η、每个查询正例的数量 τ^+ 以及负例数量 τ^- 为参数。对于每个查询 q_n，PAMM 首先生成 τ^+ 个正例排序 $PR^{(n)}$ 和 τ^- 个负例排序 $NR^{(n)}$。接下来，PAMM 迭代以随机方式优化模型参数。在每一轮，对于每一个正例和负例对 (d^+, d^-)，根据当时的参数计算两个排序中的查询排序模型的差值 $\Delta F = F(X, R, d^+) - F(X, R, d^-)$。如果 ΔF 小于两个排序之间评价准则的差值 $\Delta E = E(X, d^+, J) - E(X, d^-, J)$，PAMM 则更新模型参数来扩大 ΔF。迭代到算法收敛，最后 PAMM 输出已优化的模型参数。

PAMM 有几个好处：（1）采用了满足最大边际相关性标准的排序模型；（2）能够直接优化训练中的任何多样性评估准则；（3）能够在训练中同时使用正面排名和负面排名。

5.2 深度关系排序模型

在引入可以端到端优化的深度学习框架之后，关系排序模型的设计更加灵活，本章按照关系排序决策过程的粒度，将深度关系排序模型分为基于贪婪选择的深度关系排序模型和基于全局决策的深度关系排序模型两大类。

5.2.1 基于贪婪选择的深度关系排序模型

目前已有的多样化排序方法大都是将多样化排序问题转化为贪心的近似策略，即从候选文档集合中"顺序"选择一个"局部最优文档"。因此，如何判断候选文档的新颖性，成为解决多样化排序问题的关键。启发式规则都是通过预定义的相似性函数，来判断文档之间的关系，这些方式需要手动调整参数，耗时费力且容易过拟合。同时，在这个"顺序选择文档"的体系下，已有的少量机器学习方法取得了不错的效果。但在这些基于学习的方法中，尚未对如何判断候选文档的新颖性进行深入系统的研究。接下来我们介绍两个模型：NTN 排序模型和 MDP-DIV 模型。NTN 排序模型通过改进神经张量网络模型，自动生成一对多的文档新颖性特征，解决了人工定义的新颖性特征不足的问题。而 MDP-DIV 模型从多样化排序动态的过程出发，探索了多样化排序的本质，根据用户不断获取的信息，提出了一种能够一体化建模文档新颖性计算与多样化排序过程的方法。

- **NTN 排序模型**

搜索结果多样化的一个关键问题是，如何衡量候选文档相对于其他文档的新颖性。在启发式规则中，直接利用预定义的文档相似度函数来定义新颖性。在学习方法中，新颖性是基于一组手动制作的特征来表征的。由于文档新颖性建模的复杂性，人们很难在现实世界中手动设计相似性函数和特征。因此，研究人员提出使用神经张量网络自动学习特征建模文档的新颖性[17]。该方法不是手动定义相似度函数或特征，而是基于候选文档和其他文档的表示自动学习非线性新颖性函数。因此可以在关系排序学习的框架下推导出新的多样化学习排名模型。

直观地，神经张量网络通过一个双线性张量乘积建模两个实体间的关系。这种想法可以很自然地被扩展到多样化排序问题中建模文档的新颖性，即通过一个双线性张量乘积自动学习特征来建模候选文档与已选文档之间的新信息。

特别地，给定一个包含 M 个文档的集合 $X = \{d_j\}_{j=1}^{M}$。其中，每篇文档 d_j 被定义为初始表达 $v_j \in \mathbf{R}^{l_v}$。给定候选文档 $d \in X$ 及其初始表达 v，以及一个文档集合 $S \subseteq X \setminus \{d\}$ 及其初始表达 $\{v_1, \cdots, v_{|S|}\}$，那么 d 对于 S 中的文档的新颖性得分可以被定义为一个具有 z 个隐层的神经张量网络：

$$g_n(v, S) = \boldsymbol{\mu}^{\mathrm{T}} \max \{\tanh(v^{\mathrm{T}} W^{[1:z]}[v_1, \cdots, v_{|S|}])\}$$

其中，矩阵 $[v_1, \cdots, v_{|S|}]S \in \mathbf{R}^{l_v \times |S|}$ 每一列表示 S 中对应文档的初始表达；$W^{[1:z]} \in \mathbf{R}^{l_v \times l_v \times z}$ 为张量层；$\boldsymbol{\mu} \in \mathbf{R}^z$ 对应不同层的张量的权重。神经张量网络包括张量层（tensor layer）、最大池化层（max-pooling layer）和线性层（linear layer）。

张量层以文档的初始表达作为输入。候选文档 d 与 S 中文档的交互作用如下：

$$H = \begin{bmatrix} h_1^{\mathrm{T}} \\ \vdots \\ h_z^{\mathrm{T}} \end{bmatrix} = \begin{bmatrix} \tanh(v^{\mathrm{T}} W^{[1]})[v_1, \cdots, v_{|S|}] \\ \vdots \\ \tanh(v^{\mathrm{T}} W^{[z]})[v_1, \cdots, v_{|S|}] \end{bmatrix}$$

在最大池化层中，张量层输出的矩阵通过 Max 操作，映射到 z 维的向量上：

$$t = \begin{bmatrix} \max(h_1^{\mathrm{T}}) \\ \vdots \\ \max(h_z^{\mathrm{T}}) \end{bmatrix}$$

直观地讲，最大池化层整合了每一张量层 h_i^{T} 学习到的新颖性信号，并输出了其中最显著的信号。这样，向量 t 可以被看作一个 z 维的新颖性特征，且每一维由张量的每一层定义。

最后，通过对最大池化层输出的新颖性信号的线性叠加得到文档的新颖性得分 $\boldsymbol{\mu}^{\mathrm{T}}t$。

基于上述的神经张量网络技术建模文档新颖性，可以派生出两种关系排序学习算法，通过自动学习文档新颖性特征解决多样化排序问题。先介绍排序模型的定义，令 $X = \{d_1, \cdots, d_M\}$ 表示查询 q 的检索文档集合。每个查询 – 文档对 (q, d) 被表示为相关性特征向量 $x \in \mathbf{R}^{l_x}$。每个文档 d 被形式化为初始表达向量 $\boldsymbol{v}$。假设在每一轮顺序文档选择过程中，已选择的文档集表示为 S，这样可以将候选文档 d 的边际相关性得分定义为：

$$f(d, S) = g_r(x) + g_n(\boldsymbol{v}, S) = \boldsymbol{\omega}^{\mathrm{T}}x + \boldsymbol{\mu}^{\mathrm{T}} \max\{\tanh(\boldsymbol{v}^{\mathrm{T}}W^{[1:z]}[\boldsymbol{v}_1, \cdots, \boldsymbol{v}_{|S|}])\}$$

其中，$g_r(x)$ 表示文档 d 与查询 q 的相关性，由相关性特征的线性组合构成；$g_n(\boldsymbol{v}, S)$ 表示文档 d 与已选文档 S 的新颖性。模型参数 $\boldsymbol{\omega}$、$\boldsymbol{\mu}$ 和 $W^{[1:z]}$ 可以从训练数据中学习得出。

利用神经张量网络建模文档新颖性的主要优点在于：张量能够通过乘积建模候选文档集合与已选文档集合的关系，而不是仅仅利用预定义的相似性函数或者 5.1.2 节中讲到的利用新颖性特征的线性加权和。直观地讲，模型中张量的每一层可以对应查询中的一个子话题。每个张量层表示候选文档集合与已选文档集合不同的多样化关系。这样，通过多层的张量，模型可以根据多个多样化方面计算文档新颖性得分。

排序模型的参数可以由以下基本损失函数确定：

$$\min_{f \in \mathcal{F}} \sum_{n=1}^{N} l(\pi(X^{(n)}, f), J^{(n)})$$

其中，$\pi(X^{(n)}, f)$ 表示由排序模型 f 对所有文档 $X^{(n)}$ 生成的排序列表。根据不同的目标函数和优化技术，可以得到不同的排序算法。例如，根据相关排序学习算法 R-LTR 和 PAMM 算法，可以分别构建两个通过神经张量网络建模文档新颖性的算法，即 R-LTR-NTN 和 PAMM-NTN。

- **MDP-DIV 模型**

下面我们介绍一种调整马尔可夫决策过程以实现搜索结果多样化的算法——MDP-DIV 算法[18]。主流的多样化排序算法将多样化排序问题近似为贪心选择问题，在每一个位置选择"边际相关性"最高的文档，通过文档 - 查询的相关性与文档间的新颖性的线性叠加定义"边际相关性"，取得了不错的效果。但在实际应用中，用户在浏览过程中只有一种需求（找到符合要求的文档），这种将相关性与新颖性割裂建模的方式与用户的需求不相符。因此，MDP-DIV 尝试解决这一问题，并取得了成功。

连续状态的马尔可夫决策过程（Markov decision process，MDP）是一种广泛使用的顺序决策模型，MDP-DIV 采用连续状态的马尔可夫决策过程来学习如何进行多样化排序。基本的马尔可夫决策过程是由代理

（agent）、状态（state）、动作（action）、奖励（reward）、策略（policy）和状态转换（transition）的多元组 $\langle S, A, T, R \rangle$ 表示的。

□ 状态 S：所有状态的集合。将状态定义为一个元组，它由已选择的文档排序、候选文档以及用户已获取的效用（utility）组成。

□ 动作 A：代理能够采取的离散的动作集合。动作是否可行取决于状态 s，表示为 $A(s)$。

□ 奖励 $r = R(s, a)$：立即奖励，也称为增强（reinforcement）。它给予在状态 s 下采取动作 a 的立即奖励。

□ 策略 $\pi(a \mid s)$：描述代理的行为，是所有可能动作的概率分布。π 决定了如何在状态空间中转移，并以长期的奖励作为优化目标。

在 $t = 0, 1, 2, \cdots$ 时刻，代理和环境进行交互。在每一个时刻 t，代理接收到环境状态的表达 $s_t \in S$，基于这种表达，代理做出相应的动作 $a_t \in A(s_t)$，其中 $A(s_t)$ 是在状态 s_t 下可行的动作集合。在下一个时刻，作为动作的结果，代理接收到一个数值奖励 $r_{t+1} \in \mathbf{R}$，同时进入一个新的状态 $s_{t+1} = T(s_t, a_t)$。图 5-5 所示为在马尔可夫决策过程中代理与环境交互的过程。

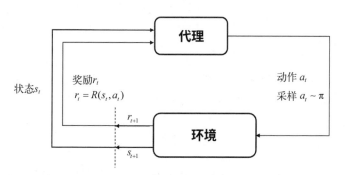

图 5-5 马尔可夫决策过程中代理与环境交互的过程

接下来介绍 MDP-DIV 如何将马尔可夫决策过程应用到构建多样化排序中。形式化地给定查询 q，以及相应的检索文档集合 $X = \{x_1, \cdots, x_M\} \subseteq \mathcal{X}$。其中，查询 q 和每篇文档 x_i 表示为 L 维初始表达（例如由 Doc2Vec 模型生成的向量），$\mathcal{X}$ 为所有可能的文档集合。多样化排序的目标就是通过一个模型对所有的文档进行排序，并保证排序的前几篇文档能够覆盖查询中尽可能多的话题。

给定 N 个已标注的训练查询 $\left\{\left(q^{(n)}, X^{(n)}, J^{(n)}\right)\right\}_{n=1}^{N}$，其中 $J^{(n)}$ 为文档的人工标注，可表示为二进制矩阵。如果文档 $x_1^{(n)}$ 包括查询 $q^{(n)}$ 的第 j 个子话题，则 $J^{(n)}(i, j) = 1$；否则为 0。这样，学习构建多样化排序模型的问题就可以转变为学习马尔可夫决策过程中参数的问题。其中，马尔可夫决策过程中的每一个时刻可以对应排序中的每一个位置。这样改进的马尔可夫决策过程中的代理、状态、动作、奖励、策略和状态转换可以表示为以下形式。

□ 状态 S：每一时刻 t 的状态为 $s_t = [\mathcal{Z}_t, X_t, h_t]$，其中 $\mathcal{Z}_t = \left\{x_{(n)}\right\}_{n=1}^{t}$ 是前 t 时刻已看的文档，$X_{(n)}$ 是排在第 n 个位置的文档。注意，$\mathcal{Z}_0 = \varnothing$ 是一个空的序列；$X_t \in 2^{\mathcal{X}}$ 表示候选文档集合；$h_t \in \mathbf{R}^K$ 是一个向量，编码了用户在 $\mathcal{Z}_t$ 中已获取的信息，同时也表达了查询 q 需要的信息。在检索开始时 $t = 0$，环境状态被初始化为 $s_0 = [\mathcal{Z}_0 = \varnothing, X_0 = X, h_0]$，$\mathcal{Z}_0$ 是空的序列 $\varnothing$，候选文档集合 X_0 包括 X 中所有的 M 个文档，同时，通过对查询的一个非线性变形，h_0 表示用户初始的信息需求：

$$h_0 = \sigma(V_q q)$$

其中，$q \in \mathbf{R}^L$ 是用户提交的查询初始表达，$V_q \in \mathbf{R}^{K \times L}$ 是变形矩阵，$\sigma(x)$ 是非线性 sigmoid 函数：

$$\sigma(\boldsymbol{x}) = \sigma\left(\langle x_1, \cdots, x_K \rangle\right) = \left\langle \frac{1}{1+e^{-x_1}}, \cdots, \frac{1}{1+e^{-x_K}} \right\rangle$$

- 动作 A：在每一个时刻 t，代理所能采取的动作集合表示为 $A(s_t)$，每一个动作与可选择的文档相对应。也就是说，在时刻 t 的动作 $a_t \in A(s_t)$ 为下一个位置 $t+1$ 选择文档 $\boldsymbol{x}_{m(a_t)} \in X_t$，其中 $\boldsymbol{x}_{m(a_t)}$ 是 a_t 所选择文档的索引。

- 状态转换 T：状态转换函数 $T: S \times A \to S$ 由 3 个部分组成。

$$\begin{aligned}
s_{t+1} &= T(s_t, a_t) \\
&= T\left(\left[\mathcal{Z}_t, X_t, \boldsymbol{h}_t\right], a_t\right) \\
&= \left[\mathcal{Z}_t \oplus \left\{\boldsymbol{x}_{m(a_t)}\right\}, X_t \setminus \left\{\boldsymbol{x}_{m(a_t)}\right\}, \sigma\left(V\boldsymbol{x}_{m(a_t)} + W\boldsymbol{h}_t\right)\right]
\end{aligned}$$

其中，$\oplus$ 表示在 $\mathcal{Z}_t$ 尾部加入 $\boldsymbol{x}_{m(a_t)}$，$V \in \mathbf{R}^{K \times L}$ 是文档 - 状态转移矩阵，$W \in \mathbf{R}^{K \times K}$ 表示状态 - 状态转移矩阵。在每一个时刻 t，在状态 s_t 的基础上，系统做出一个动作 a_t。接着，进入下一个时刻 $t+1$，系统转移到新的状态 s_{t+1}。首先，系统将选择的文档加入 $\mathcal{Z}_t$ 的末尾，生成一个新的文档序列；同时，从候选文档集合中删除第 t 步选择的文档：$X_{t+1} = X_t \setminus \left\{\boldsymbol{x}_{m(a_t)}\right\}$。因此，在时刻 $t+1$ 时，代理所能选择的动作数量减少一个。最后，上一个时刻的用户状态所包括的信息和这一时刻选择的文档结合起来生成用户新的状态。

- 奖励 $r = R(s, a)$：奖励可以看作对所选文档质量的评估。大部分的评价指标通过顺序计算排序文档来确定排序的整体质量。因此，将奖励建立在多样化评价指标上是合理的。例如，在多样化排序评价指标 $\alpha - DCG$ 的基础上，可以将奖励定义为每一步动作对于 $\alpha - DCG$ 的提升：

$$R_{\alpha-\mathrm{DCG}}\left(s_{t},a_{t}\right)=\alpha-\mathrm{DCG}\left[t+1\right]-\alpha-\mathrm{DCG}\left[t\right]$$

其中，$\alpha-\mathrm{DCG}[t]$ 是在 t 位置的衰减累积收益（discounted cumulative gain，DCG），$\alpha-\mathrm{DCG}$ 在第 0 个位置为 0：$\alpha-\mathrm{DCG}[0]=0$。奖励是基于状态 s_{t} 的文档序列 $\mathcal{Z}_{t}$、所选择的文档 $\boldsymbol{x}_{m(a_{t})}$ 以及文档的相关性标注来计算的。

策略 $\pi:A\times S\to[0,1]$ 定义了选择每一个动作的可能性。给定此刻的状态 $s_{t}=[\mathcal{Z}_{t},X_{t},\boldsymbol{h}_{t}]$ 和一个可能的动作 a_{t}，策略 π 可以定义为以状态和所选择文档为输入的双线性乘积的归一化 softmax 函数：

$$\pi\left(a_{t}\mid[\mathcal{Z}_{t},X_{t},\boldsymbol{h}_{t}]\right)=\frac{\exp\left\{\boldsymbol{x}_{m(a_{t})}^{T}\boldsymbol{U}\boldsymbol{h}_{t}\right\}}{Z}$$

其中，$\boldsymbol{U}\in\mathbf{R}^{L\times K}$ 是双线性乘积中的参数，Z 是归一化因子：

$$Z=\sum_{a\in A(s_{t})}\exp\left\{\boldsymbol{x}_{m(a)}^{\mathrm{T}}\boldsymbol{U}\boldsymbol{h}_{t}\right\}$$

在训练数据中一个查询构建多样化排序可以形式化为：给定一个用户查询 q、M 个候选文档 X 和相应的人工标注 J，系统状态可以初始化为 $s_{0}=[\mathcal{Z}_{0}=\varnothing,X_{0}=X,\boldsymbol{h}_{0}=V_{q}q]$。在每一个时刻 $t=0,\cdots,M-1$，代理接收到状态信息 $s_{t}=[\mathcal{Z}_{t},X_{t},\boldsymbol{h}_{t}]$，做出动作 a_{t} 从候选文档集合中选出文档 $X_{m(a_{t})}$，放在 $t+1$ 的位置上。在下一个时刻 $t+1$，系统状态变为 $s_{t+1}=[Z_{t+1},X_{t+1},\boldsymbol{h}_{t+1}]$。基于查询的人工标注，代理接收到立即奖励 $r_{t+1}=R([\mathcal{Z}_{t},X_{t},\boldsymbol{h}_{t}],a_{t})$，用来作为训练模型参数的监督信息。重复上述过程直到候选文档集合为空。

MDP-DIV 有一些参数需要学习：$\theta=\{V_{q},\boldsymbol{U},\boldsymbol{V},\boldsymbol{W}\}$。受到策略渐变

方法中 REINFORCE 算法的启发，得到一个新的算法。

该算法的基本思想是：通过蒙特卡罗（Monte Carlo）随机梯度上升更新模型参数。在每一步中，根据当前的策略生成一个片段（包括 M 个状态、动作和奖励的序列）。在片段的每一个时刻 t，模型参数根据梯度 $\nabla_\theta \log \pi(a_t \mid s_t; \theta)$ 依比例进行更新。比例由步长 η、衰减率 γ^t 和长期回报 G_t 共同决定。其中，G_t 定义为从第 t 个位置开始的奖励的衰减和：

$$G_t = \sum_{k=0}^{M-1-t} \gamma^k r_{t+k+1}$$

其中，$M = |X|$ 表示候选集合中文档的数量。直观地，G_t 的设置方式使得参数以最高回报的方向进行优化。

与传统的 REINFORCE 算法相比，MDP-DIV 在 MDP 模型上进行了改进。MDP-DIV 可以对用户已获取的信息以递归的方式进行建模。在训练阶段，MDP-DIV 估计策略函数、状态初始化函数及状态转移函数。

MDP-DIV 提供了一种优雅的动态建模文档新颖性的方法，更能匹配用户在检索过程中的浏览行为。更重要的是，可以从理论角度证明此方法的优点。此外，与现有的多样化排序学习方法（如 R-LTR，PAMM 和 NTN-DIV 等）相比，MDP-DIV 具有以下优点。

第一，MDP-DIV 将多样化排序过程看作动态地选择文档的过程，更符合现实情况。用户在浏览检索结果时，通常是自上而下（top-down）的，这就造成了用户状态的不断变化。即候选文档的新颖性是根据已看过的文档动态变化的，这是其他多样化排算法忽略的一点。MDP-DIV 通过不断更新用户状态动态建模文档新颖性，从而更好地构建多样化排序。

第二，与方法 NTN-DIV 一样，MDP-DIV 可以通过自动学习文档新颖性特征来构建多样化排序模型。排序模型以查询和文档的初始表达（如 Doc2Vec 模型训练得到的分布式表达）为输入。相比之下，几乎所有的多样化排序学习算法都严重依赖于人工定义的特征，在刻画复杂的文档新颖性方面能力不足。MDP-DIV 仅需要查询和文档的初始表达就可以完成排序模型的学习。

第三，MDP-DIV 在训练过程中同时利用了立即奖励和长期回报作为监督信息。具体来说，给定一个片段，模型在接收立即奖励后更新参数。同时，更新规则还利用了所有未来奖励的累积作为长期的回报 G_t 来重新缩放步长。实验结果也表明，在训练中同时利用立即奖励和长期回报能够提升排序的准确性。

第四，MDP-DIV 在每一步选择文档时利用了用户已接收的信息效用（utility）。相反地，大多数方法采用的标准，例如边际相关性，由两个独立的因素组成：相关性和新颖性。启发式多样化排序模型 xQuAD 试图用"与潜在子话题的相关性"来代替这两个因素，也已经显示出了合理性和有效性。实验结果表明，在 MDP-DIV 框架下，通过将文档选择标准统一为"感知效用"（the perceived utility）能更好地建模多样化排序。

5.2.2　基于全局决策的深度关系排序模型

区别于基于贪婪选择的深度关系排序模型，基于全局决策的深度关系排序模型提出了一种"端到端"的策略，将决策过程隐藏在模型的结构和运算中。这样做的好处是不需要预定义复杂的决策机制，而是将决策过程交给模型进行自动的编码学习。模型的输入是查询项和待排序候选文档列表，而输出直接是排序好的文档列表，属于以列表为输入和以列表为输出的方法。接下来我们介绍基于全局决策的深度关系排序算法的 3 个重要模型：DLCM 模型、GFS 模型和 SetRank 模型。DLCM 模型最先提出了全局决策的思路，以文档序列作为输入，并以文档序列的分数作为输出，旨在排序的时候充分考虑文档间的交互过程。然而，很明显待排序的候选文档是无序的集合，输入的时候强行安排文档的顺序，会引入额外的特征偏差。为了解决该问题，GFS 模型利用 Group-wise 的多重采样方式模拟无序集合的输入，但是采样的空间是指数级别的，这导致模型容易遇到效率和效果的权衡问题。SetRank 模型提出利用 Transformer 网络结构的排序不变特性，构造无序输入、有序输出的端到端排序模型，能够很好地完成从集合到序列的预测任务。

- **DLCM 模型**

传统的排序学习算法从标注的数据中学习到通用的排序函数，它在整体数据集的平均意义上取得了不错的表现，但针对单一的查询而言却是次优的。因为它忽视了不同查询的相关文档在特征空间的分布是不同的。例如，考虑关键词匹配程度和内容新鲜度两个维度，显然，对于查询"生活大爆炸第一季在线观看"，关键词匹配程度要比内容新鲜度更重要。但是对于查询"国际新闻"，内容新鲜度则更重要。无论如何设计表示查询和文档的特征向量，由于依旧是针对单一文档的概率排序建模所以难以解决全局排序问题。为了解决上述问题，DLCM 模型 [19] 提出可以动态地为每个查询学习一个局部模型，并使用它来优化排名结果。从伪相关反馈的视角来看，当前查询排名靠前的文档集合可以侧面反映当前查询的特性，也可以作为精排模型的输入。

虽然 DLCM 模型提出的原始动机与关系排序和全局优化的概念不

相关，但是归纳其做法，其实就是一种基于全局优化的关系排序方法。DLCM 模型通过 GRU 模型来学习排序靠前的文档形成的局部排序上下文信息，该上下文信息不仅包含每个文档的特征信息，还包含原始排序信息，因此考虑了不同文档间的关系。随后利用全连接层、综合全局信息逐一调整原始的排序得分，用于精排。由于所有的精排得分是并行得到的，所以它是一种基于全局优化的策略。

具体而言，给定的查询 q 和文档 d 的特征向量为 $\boldsymbol{x}_{(q,d)}$，可以是以启发式方式得到的交互特征，也可以是预训练模型抽取的表达向量。传统的排序学习算法旨在寻找最优的评分函数 f，将输入 $\boldsymbol{x}_{(q,d)}$ 直接映射到文档的排序分数。利用排序分数大小，确定最终的文档排序。这一过程需要优化如下损失函数：

$$\mathcal{L} = \sum_{q \in Q} \ell\Big(\Big\{ y_{(q,d)}, f(\boldsymbol{x}_{(q,d)}) \,\big|\, d \in D \Big\}\Big)$$

其中 Q 是查询集合；D 是候选文档的集合；ℓ 是可微的损失函数（用来度量文档预测排序分数）和对应的相关性标签 $y_{(q,d)}$ 的一致程度。

基于该传统排序学习算法，DLCM 提出在计算排序分数的时候，引入局部上下文 $I\big(R_q, X_q\big)$ 的信息，用来捕获查询 q 的特性，其中 $R_q = \Big\{ d \text{ sorted by } f(\boldsymbol{x}_{(q,d)}) \Big\}$，$X_q = \Big\{ \boldsymbol{x}_{(q,d)} \,\big|\, d \in R_q \Big\}$。因此修订后的排序学习损失函数为：

$$\mathcal{L} = \sum_{q \in Q} \ell\Big(\Big\{ y_{(q,d)}, \phi\big(\boldsymbol{x}_{(q,d)}, I(R_q, X_q)\big) \,\big|\, d \in D \Big\}\Big)$$

其中 ϕ 也是一个评分函数，特征向量为 $\boldsymbol{x}_{(q,d)}$ 和局部上下文模型 $I(R_q, X_q)$ 是该函数的输入，输出一个实数值作为排序分数。因此，优化这个目标函数的本质是寻找最优的 I 和 ϕ。

使用 DLCM 模型进行文档排序的流程包括 3 个步骤。第一步是使用标准的排序学习算法进行初始的检索。在这一步，每个查询－文档对 (q,d) 被转换为特征向量 $\boldsymbol{x}_{(q,d)}$，然后基于全局的排序函数生成长度为 n 的排序列表 R_q^n。第二步是编码，使用 GRU 模型编码检索结果靠前的文档的特征向量 $\boldsymbol{X}_q^n$，GRU 从最低位置到最高位置逐个编码文档，并生成一个潜在向量 $\boldsymbol{s}_n$ 来表示编码后的局部上下文模型 $I(R_q, X_q)$。第三步是精排，使用基于 $\boldsymbol{s}_n$ 和 GRU 隐层输出 $\mathbf{o}$ 的局部排序函数 ϕ 对排序结果靠前的文档进行重排序。

局部上下文模型 $I(R_q, X_q)$ 的建模是 DLCM 的核心。给定排序函数得到的前 n 个检索结果和对应的特征向量 $\boldsymbol{X}_q^n = \left\{ \boldsymbol{x}_{(q,d_i)} \mid d_i \in R_q^n \right\}$，将其输入 GRU 网络中，$t$ 时刻的计算过程如下：

$$\boldsymbol{o}_t = (1 - \boldsymbol{u}_t) \odot \boldsymbol{o}_{t-1} + \boldsymbol{u}_t \odot \boldsymbol{s}_t$$
$$\boldsymbol{u}_t = \sigma\left(W_u^x \cdot \boldsymbol{x}_t + W_u^s \cdot \boldsymbol{o}_{t-1} \right)$$
$$\boldsymbol{s}_t = \tanh\left(W^x \cdot \boldsymbol{x}_t + W^s \cdot (\boldsymbol{r}_t \odot \boldsymbol{o}_{t-1}) \right)$$
$$\boldsymbol{r}_t = \sigma\left(W_r^x \cdot \boldsymbol{x}_t + W_r^s \cdot \boldsymbol{o}_{t-1} \right)$$

网络最后的状态 $\boldsymbol{s}_n$ 就是编码后的局部上下文模型 $I(R_q, X_q)$。之所以选用 GRU 完成编码，是因为 GRU 天然地可以将当前状态和之前的状态结合起来，同时可以捕获位置信息。将检索后的文档从低位置到高位置依次输入 GRU 网络，高位置的文档对于最终的网络状态有更重要的影响。

DLCM 模型使用类似机器翻译模型中的注意力函数作为评分函数，充分考虑 GRU 的隐层状态和局部排序上下文在编码后的潜在表示。令

o_{n+1-i} 是文档 $d_i \in R_q^n$ 的输出表示，那么局部排序函数 ϕ 为：

$$\phi(o_{n+1-i}, s_n) = V_\phi \cdot \left(o_{n+1-i} \cdot \tanh(W_\phi \cdot s_n + b_\phi) \right)$$

在训练阶段，DLCM 实现了 3 种不同的基于列表的损失函数，分别是 ListMLE、SoftRank 和 Attention Rank。

❏ ListMLE 是一个列表式的损失函数，它将排序学习问题形式化为最小化概率损失的问题。它将排序视作序列化选择的问题，它定义从文档集合 $\pi_m^n = \left\{ d_j \mid j \in [m, n] \right\}$ 中选择文档 d_i 的概率为：

$$P\left(d_i \mid \pi_m^n \right) = \frac{\mathrm{e}^{S_i}}{\sum_{j=m}^n \mathrm{e}^{S_j}}$$

其中，S_i 和 S_j 分别是文档 d_i 和 d_j 的排序分数。如果从排序列表的顶部开始选择，然后在每一步之后从候选文档集中删除所选文档，因此对于给定排序分数 S，排序列表的概率为：

$$P\left(R_q^n \mid S \right) = \prod_{i=1}^n P\left(d_i \mid \pi_i^n \right) = \prod_{i=1}^n \frac{\mathrm{e}^{S_i}}{\sum_{j=i}^n \mathrm{e}^{S_j}}$$

令 $\mathcal{R}_q^*$ 是最优的排序列表，那么 ListMLE 的损失被定义为 $\mathcal{R}_q^*$ 的负对数似然。

❏ SoftRank 直接优化了信息检索中的排序准则，如 NDCG 等。令 S_i 和 S_j 分别是文档 d_i 和 d_j 对于查询 q 的排序分数，假设文档 d_i 的真实排序分数 S_i' 是从高斯分布 $\mathcal{N}\left(S_i, \sigma_s^2 \right)$ 中采样得到的，因此 d_i 的排序高于 d_j 的概率为：

$$\pi_{ij} \equiv \Pr\left(S'_i - S'_j > 0\right) = \int_0^\infty \mathcal{N}\left(S \mid S_i - S_j, 2\sigma_s^2\right) \mathrm{d}S$$

令 $p_j^{(1)}(r)$ 是 d_j 初始的排序分布，d_j 是排序列表中唯一的文档。那么当新增第 i 个文档时，有：

$$p_j^{(i)}(r) = p_j^{(i-1)}(r-1)\pi_{ij} + p_j^{(i-1)}(r)(1-\pi_{ij})$$

❑ Attention Rank 是一种基于注意力机制的损失函数。令相关性标签 $y_{(q,d_i)}$ 代表在查询 q 下选择文档 d_i 的信息增益，因此排序列表 R_q^n 的最优的注意力分配策略是：

$$a_i^y = \frac{\psi(y_{(q,d_i)})}{\sum_{d_k \in R_q^n} \psi(y_{(q,d_k)})}$$

其中，$\psi(x)$ 是校正指数函数。利用上面的注意力策略和最优的注意力策略的交叉熵定义损失函数：

$$\ell\left(R_q^n\right) = -\sum_{d_i \in R_q^n} \left(a_i^y \log\left(a_i^S\right) + \left(1-a_i^y\right)\log\left(1-a_i^S\right)\right)$$

DLCM 模型的提出改进了局部排序上下文的排序学习算法。该模型使用 RNN 对全局排序算法中检索到的最热门文档进行编码，并使用局部上下文模型优化排序列表。这个模型可以通过基于注意力的列表式排序损失进行训练，并且可以直接应用到现有的排序学习模型上，而无须进行额外的特征提取或检索处理。

- GSF 模型

不同于分类或回归，排序的主要目标不是为每个文档分配标签或值，而是给定一系列文档，产生一个有序的列表，使得整个列表的效用最大化。换言之，排序更关注文档相关性的相对顺序（对于某些相关性而言），而不是其绝对大小。

在排序学习的背景下，人们对排序中的相对性建模进行了广泛的研究。排序学习旨在学习一种评分函数，它在有监督的设置下将特征向量映射为实值分数，由此分数可以得到对文档的排序。现有的大多数排序学习算法都通过优化 pairwise 或 listwise 的损失函数来学习参数化的评分函数。

虽然它有效，但大多数现有的排序学习的框架都受限于单变量评分函数的范式——待排序列表中每个文档的相似度评分的计算独立于列表中其他的文档。这样会导致排序结果是次优的，主要有两个原因：（1）单变量的评分函数在建模跨文档相关性时能力有限；（2）通过文档对之间的比较可以比绝对评分更快、更一致地获得偏好判断。

基于以上原因，GSF 模型假设文档的相关性评分应该通过与列表中的其他文档进行比较来计算[20]。因而提出了排序学习下的多变量评分函数 $f: D^n \to \mathbf{R}^n$，其中 D 是所有文档的集合。该函数以 n 个文档的向量作为输入，输出 n 维的实值向量，输出向量中的每个元素都代表该位置的文档与别的文档的相对相关性。在此基础上，GSF 模型提出了一种分组的评分函数，它由 DNN 参数化得到。GSF 模型对固定大小组的文档进行评分，它可以扩展到为任意长度的列表中的文档进行评分，并通过蒙特卡罗采样策略进行加速。

令 $\psi = (\boldsymbol{x}, y) \in D^n \times \mathbf{R}^n$，是一个训练样本。其中，$\boldsymbol{x}$ 是 n 个文档 $\boldsymbol{x}_i$，$1 \leqslant i \leqslant n$ 的向量；y 是 n 个相关性分数 y_i 的分数；ψ 是训练数据的集合。排序学习的目标是学习到映射函数 $f: D^n \to \mathbf{R}^n$，然后最小化如下

的损失函数：

$$\mathcal{L}(f) = \frac{1}{|\varPsi|} \sum_{(\boldsymbol{x}, y) \in \varPsi} \ell\big(y, f(\boldsymbol{x})\big)$$

$\ell(\cdot)$ 是局部损失函数。

正如前文所提到的，不同的排序学习算法之间的主要差异在于如何定义评分函数 $f(\cdot)$ 和损失函数 $\ell(\cdot)$。多数的排序学习算法都假设了单变量的评分函数 $u : D^n \to \mathbf{R}^n$，它独立于其他文档为每个文档单独计算分数：

$$f(x)\big|_i = u(x_i),\ 1 \leqslant i \leqslant n$$

其中，$f(x)\big|_i$ 代表 f 的第 i 个维度；$u(\cdot)$ 计算得到的分数只取决于第 i 个文档自身，换言之，如果固定 x_i 而改变别的文档，不影响 $u(x_i)$ 的输出。

GSF 模型提出探索排序学习中的多变量评分函数 $f : D^n \to \mathbf{R}^n$。按照之前的介绍，这个评分函数理论上可以捕获文档间的关系，然后产生相对的评分。也就是说，替换 x_i 会导致列表中每个文档的评分都会改变。

实际上，学习多变量评分函数并非易事。上面的讨论有一个简化的假设，即列表中的文档数 n 在所有训练样本中都是恒定的。但是，通常并不是如此。实际上文档长度是任意的，并且在训练或验证集中有所不同。

接下来将详细地介绍 GSF 模型是如何解决上述问题的。GSF 模型提出多变量评分函数——分组评分函数（groupwise scoring functions，GSF）。GSF 有如下的形式：$g(\cdot; \theta) : D^m \to \mathbf{R}^m$，它由一个 DNN 构成，将一组里的 m 个文档映射到相同大小的向量中。

先定义输入层。文档 x 可以表示为两部分特征的拼接——稀疏文本特征 x^{embed} 和稠密特征 x^{dense}。因此输入层由所有 m 个文档的拼接得到：

$$\boldsymbol{h}_0 = \text{concat}\left(x_1^{\text{embed}}, x_1^{\text{dense}}, \cdots, x_m^{\text{embed}}, x_m^{\text{dense}}\right)$$

给定如上的输入层，构建具有 3 个隐藏层的前馈神经网络：

$$\boldsymbol{h}_k = \sigma\left(\boldsymbol{w}_k^{\text{T}}\boldsymbol{h}_{k-1} + \boldsymbol{b}_k\right), k = 1, 2, 3$$

其中激活函数 $\sigma(t) = \max(t, 0)$。最终的 GSF 定义为：

$$g(\boldsymbol{x}) = \boldsymbol{w}_o^{\text{T}}\boldsymbol{h}_3 + \boldsymbol{b}_o$$

输出层的网络包含 m 个单元，每个单元表示文档的一个分数值。

上文所述的评分函数 $g(\cdot)$ 的定义域 $\mathcal{X}^m$ 的维度是固定的，而在排序学习的场景下，不同查询得到的文档数量是不同的，因此需要将 $g(\cdot)$ 扩展应用于不同长度的文档排序。

给定任意长度为 n 的文档列表 x 和 GSF $g : \mathcal{X}^m \to \mathbf{R}^m$，GSF 模型提出计算 x 中大小为 m 的排列，并在这个过程中累积分数。令 $\Pi_m(x)$ 代表 n 个文档集合中大小为 m 的所有的 $\dfrac{n!}{(n-m)!}$ 个排列的集合。一个排列 π_k 可以认为一组 m 个文档。因此 $g(\pi_k)$ 包含该组里每个文档 $x_i \in \pi_k$ 相对于其他文档的评分，该组的评分 g 后续用于全部 n 个文档的分数：

$$h(\pi, x) = \begin{cases} g(\pi)\big|_{\pi^{-1}(x)} & \text{若 } x \in \pi \\ 0 & \text{其他} \end{cases}$$

其中 $\pi^{-1}(x)$ 表示 x 在 π 中的位置。最终的分数 $f(\cdot)$ 由如下的式子计算得到：

$$f(x)\big|_i = \sum_{\pi_k \in \Pi_m(x)} h(\pi_k, x_i),\ 1 \leqslant i \leqslant n$$

上述 GSF 的一个问题是枚举空间的阶乘式增长，对于很大的 n，集合 $\Pi_m(x)$ 增长迅速，因此计算 $g(\cdot)$ 成为一个困难的问题。假设 $g(\cdot)$ 的计算复杂度是 O，那么评分函数的计算复杂度为 $O\left(m\dfrac{n!}{(n-m)!}\right)$。

为了减少 GSF 的复杂度，GSF 模型提出将 $f(x)\big|_i$ 中的求和替换为期望：

$$f(x)\big|_i = E_{\pi \in x_i}\left[g(\pi, x_i)\big|_{\pi^{-1}(x_i)} \right],\ 1 \leqslant i \leqslant n$$

上式的期望可以使用蒙特卡罗方法近似计算。对于每个训练样本，从随机打乱后的文档列表里中采样子序列构建一组文档。这样的降采样方法可以减少时间复杂度到 $O(mn)$，每个文档　　　都会出现在 m 个组中，因此每篇文档都会与列表中的其他文档进行比较，每组内文档是均匀分布的。给定足够的训练数据，使用该采样策略训练的 GSF 会逐渐地接近使用所有排列训练的 GSF，并且输入列表中的文档顺序也将具有不变性。

在实际使用中，可发现交叉熵损失更为有效。因此，定义损失函数如下：

$$\ell\big(y, f(x)\big) = -\sum_{i=1}^{n} \frac{y_i}{Y} \cdot \log p_i$$

其中 $Y = \sum_{y \in \mathbf{y}} |y$ 是标准项，p_i 是经过 softmax 函数处理之后的分数 $f(x)$：

$$\text{softmax}(t)\big|_i = \frac{\mathrm{e}^{t_i}}{\sum_{j=1}^{n} \mathrm{e}^{t_j}},\ 1 \leqslant i \leqslant n$$

- **SetRank 模型**

传统的排序学习模型通常是基于概率排序准则设计的，概率排序准则假设每个文档都有某种满足特定信息需求的独特的概率。因此，文档的排序分数是单独分配的，并且彼此独立。基于概率排序准则的排序学习算法有固有的缺陷。第一，各自独立的评分使得传统的排序学习算法无法建模跨文档交互和捕捉局部上下文信息。已有的研究表明，融入局部上下文信息可以显著提高排序模型的有效性。第二，概率排序准则逐个文档进行操作，而排序结果则应逐个查询进行评估。实际上，搜索引擎用户通常会在生成单击操作之前比较结果页面上的多个文档。此外，来自同一排序列表中其他文档的信息可能会影响标注者对当前文档的判断，这挑战了以下基本假设：相关性应该针对单个信息请求在每个文档上独立建模。

DLCM 模型和 GSF 模型的多变量评分函数，以多个文档为输入，联合预测多个文档的排序分数，可以捕获局部上下文信息，但对于输入文档的顺序十分敏感。这是因为这些模型假设输入文档是序列，使用 DNN 或 RNN 对其进行建模。当初始排序的结果不佳或意外地被打乱后，这些模型的效果也快速下降。

受到 Set Transformer 模型 [22] 的启发，SetRank 模型提出了一种新的多变量排序模型 SetRank 模型 [21]，它的输入是任意大小的文档集合，输出是文档的排列。SetRank 模型的工作流程如下：它接收整个文档的集合作为输入，然后使用堆叠的多头自注意力块学习整个文档集合的嵌入表示，最后经过前馈神经网络输出文档的排序分数。

SetRank 模型具有如下优点：第一，与现有的多变量评分函数相似，它通过自注意力机制将整个文档集合作为输入，建模文档间的关系；第二，SetRank 模型学习排列不变性函数作为其排序模型，因此输入文档的任意排列不会影响最终的排序结果，同时，由于注意力计算函数是加性函数，它对输入文档集合的大小不敏感；第三，由于使用序数嵌入向量，SetRank 模型可以使用多个文档排序作为其初始排序。

给定查询 q 和检索得到的文档集合 $D = [d_i]_{i=1}^N, d_i \subseteq \mathbb{D}$，排序的任务是为文档集合 D 找到一个排列 $\pi \in \Pi_N$，使得某些效用最大化，其中 Π_N 是索引 $\{1, 2, \cdots, N\}$ 的所有排列的集合，$\mathbb{D}$ 表示所有文档集合。

在排序学习中，对于每个查询 q，以检索到的文档和对应的相关性标签记为 $\psi_q = \{ D = \{d_i\}, y = \{y_i\} \mid 1 \leq i \leq N \}$，$y_i$ 是文档 d_i 的相关性标签。因此，整个数据集记作 $\Psi = \{\psi_q\}$，排序学习的目标是最小化如下的经验损失来产生最优的排序函数 $F(\cdot)$：

$$\mathcal{L}(F) = \frac{1}{|\Psi|} \sum_{\{D, y\} \in \Psi} l(y, F(D))$$

其中 $\ell(\cdot)$ 是损失函数；$F(\cdot): \mathbb{D}^N \mapsto \mathbf{R}^N$ 是评分函数，它为每个文档计算得分，因此文档的排列结果可以通过对该评分进行降序排列得到：

$$\hat{\pi} = \text{sort}(F(D))$$

如图 5-6 所示，SetRank 模型中的文档排序流程包括三步：表示、编码和排序。第一，表示层将每个输入的文档分别表示为特征向量，例如传统排序学习模型中使用的人工特征。同样，它可以通过序数嵌入向量将文档的初始排名包含在特征表示中。初始排名可以通过现有的排序模型（例如 BM25 或经过训练的 LambdaMART 模型 [23]）生成。第二，编码层通过包含相关文档的其他特征向量来丰富每个查询－文档对的特征向量。SetRank 模型使用多头自注意力块（MSAB）或归纳多头自注意力块（IMSAB）来获取一组查询 – 文档对的表示形式作为其输入，并使用自注意力机制来生成一组新的表示形式。MSAB 或 IMSAB 的多个子层以相同的结构堆叠在一起，用于对文档之间的高阶交互进行建模。第三，排序层接收顶端的 MSAB 或 IMSAB 的输出向量，将其传递给前馈函数（rFF），生成所有文档的相关性得分，最后根据这些分数对文档进行排序。

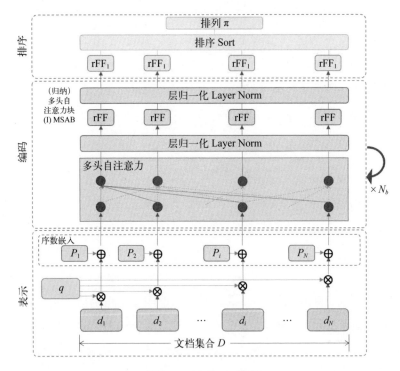

图 5-6　SetRank 模型

给定查询 q 和关联的文档集合 $D = [d_1, d_2, \cdots, d_N]$，$D$ 中的每一个文档都可以表示为一个特征向量：

$$d_i = \phi(q, d_i), d_i \in \mathbf{R}^E$$

其中 ϕ 是特征抽取的函数。它在传统的排序学习模型中是 BM25 或 TF-IDF 特征，SetRank 模型使用基准数据集提供的特征。

除了传统的排序学习特征外，SetRank 模型还可以利用文档的序数嵌入向量作为输入。在真实的搜索引擎中，关联文档可能具有由默认的排序模型（例如 BM25 或 LambdaMART 模型等）生成的一些先验排序，因此 SetRank 模型提出使用序数嵌入函数 P 将文档的绝对排序位置编码为与 d_i 同等维度的向量：

$$p_i = P(\mathrm{rank}(d_i)), \text{where } p_i \in \mathbf{R}^E$$

其中 $\mathrm{rank}(d_i)$ 代表 d_i 由 BM25 或 LambdaMART 等模型生成的初始排序中的绝对位置。之后文档的序数嵌入向量将分别与排序学习的特征相加得到 N 篇检索文档的特征矩阵 $X \in \mathbf{R}^{N \times E}$：

$$X = [d_1 + p_1, d_2 + p_2, \cdots, d_N + p_N]^\mathrm{T}$$

值得注意的是，某些时候可能不止一个初始排序位置，因为可能会同时使用多个排序模型（例如 BM25 和 LM4IR），因此多个不同的排序模型得到的序数嵌入向量可以直接相加得到总的序数向量。SetRank 模型允许输入多个初始排序。

编码层的核心作用是将文档表示 $X^0 = X \in \mathbf{R}^{N \times E}$ 编码为内在的编码 $X^{N_b} \in \mathbf{R}^{N \times E}$。SetRank 模型中使用了两种不同的编码方式，分别为 MSAB 和 IMSAB，如图 5-7 所示。

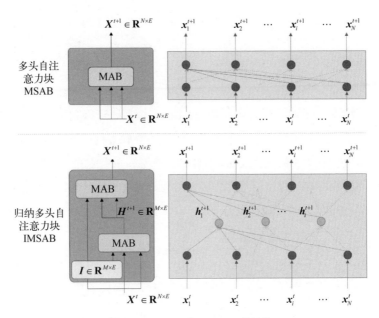

图 5-7 MSAB 和 IMSAB 的结构

MSAB 基于 DNN 中的自注意力方法，它的形式是：

$$\text{Attention}(Q, K, V) = \text{softmax}\left(\frac{QK^{\text{T}}}{\sqrt{E}}\right)V$$

为了使得注意力函数更灵活，通常会使用多头策略，即：

$$\text{Multihead}(Q, K, V) = \text{concat}\left(\left[\text{Attention}\left(QW_i^Q, KW_i^K, VW_i^V\right)\right]_{i=1}^{h}\right)$$

由此得到：

$$\text{MAB}(Q, K, V) = \text{LayerNorm}\left(B + \text{rFF}(B)\right)$$
$$B = \text{LayerNorm}\left(Q + \text{Multihead}(Q, K, V)\right)$$

其中 rFF(·) 是前馈神经网络层函数，LayerNorm(·) 是层归一化函数。最终 MSAB 是：

$$\text{MSAB}(\boldsymbol{X}) = \text{MAB}(\boldsymbol{X}, \boldsymbol{X}, \boldsymbol{X})$$

MSAB 的缺陷是对于输入的集合大小较为敏感。在每个查询对应 N_0 篇文档的数据集训练得到的 MSAB，在每个查询对应 N_1 篇文档时表现不佳。为了解决这个问题，SetRank 模型使用了 IMSAB 作为编码方式。

IMSAB 构建 M 个伪造的查询向量 $\boldsymbol{I} \in \mathbf{R}^{M \times E}$，用于从原来的 $\boldsymbol{X} \in \mathbf{R}^{N \times E}$ 中抽取特征 $\boldsymbol{H} \in \mathbf{R}^{M \times E}$，它是 M 个簇的中心。然后原始的文档 $\boldsymbol{X} \in \mathbf{R}^{N \times E}$ 基于 $\boldsymbol{H}$ 寻找上下文表示。

$$\text{IMSAB}_M(\boldsymbol{X}) = \text{MAB}(\boldsymbol{X}, \boldsymbol{H}, \boldsymbol{H}), \ \boldsymbol{H} = \text{MAB}(\boldsymbol{I}, \boldsymbol{X}, \boldsymbol{X})$$

将多个 MSAB（IMSAB）堆叠起来，将其结果通过前馈神经网络，就可以得到评分函数：

$$\boldsymbol{X}_{\text{MSAB}}^{N_b} = \text{MSAB}\left(\underbrace{\text{MSAB} \cdots}_{N_b} \left(\text{MSAB}(\boldsymbol{X}^0) \right) \right)$$

$$\text{SetRank}_{\text{MSAB}}(D) = \text{rFF}_1\left(\boldsymbol{X}_{\text{MSAB}}^{N_b} \right)$$

IMSAB 的评分函数与此类似，最终的评分为：

$$\hat{\pi}_{\text{MSAB}} = \text{sort}\left(\text{SetRank}_{\text{MSAB}}(D) \right)$$

给定标注的查询 $\psi_q = \left\{ D = \{d_i\}, y = \{y_i\} \mid 1 \leqslant i \leqslant N \right\}$，其中 y_i 是文档 d_i 对于查询 q 的信息增益，最优的注意力分配策略为：

$$a_i^y = \frac{\tau(y_i)}{\sum_{d_k \in D} \tau(y_k)}, \ \tau(x) = \begin{cases} \exp(x) & x > 0 \\ 0 & \text{其他} \end{cases}$$

同理，给定预测的评分函数 $\{s_1,\cdots,s_N\} = \mathrm{SetRank}(D)$，预测的注意力分配策略为：

$$a_i^s = \exp(s_i) \Big/ \sum_{d_k \in D} \exp(s_k)$$

因此交叉熵损失定义为：

$$\mathcal{L} = \sum_{d_i \in D} a_i^y \log a_i^s + \left(1 - a_i^y\right) \log\left(1 - a_i^s\right)$$

请注意，SetRank 模型对输入集合的大小不敏感，尤其是对于基于 IMSAB 的 SetRank 模型。在文档表示步骤中，可能需要使用序数嵌入向量来利用初始排名。但是，由于无法使用较大的序数嵌入，它使模型无法处理大于训练数据中最大集合大小的输入集合大小。为了解决这个问题，SetRank 模型在模型训练期间提出了一种相对序数嵌入采样策略。首先，在训练时选择一个最大的集合大小 $_{max}$，对于每个查询，对其原始数据进行采样得到 s，然后构建索引列表 $[s, s+1, s+2, \cdots, s+N-1]$ 代替原来的排序索引，这样所有小于 N_{max} 的位置都可以训练。在测试时，大于 N 小于 N_{max} 的位置也是允许的。

5.3 小结

在本章中，我们介绍了关系排序学习的思路和一些经典的排序方法。关系排序抛弃了经典的概率排序准则中的文档独立性假设，在排序的过程中不仅考虑了单一文档的内容，还考虑了文档间的关系，从而可以很好地建模排序结果的多样性和新颖性。传统的关系排序学习注重对文档间关系的形式化建模，将有效性细分到各个应用场景中，并给出明确的定义，从而可以通过规则或者损失函数进行优化。这种方式具备较强的可解释性，但是在真实场景中，文档间的关系往往不是由单一因素决定的，而且各个因素之间的影响也未必是线性的，从而影响传统关系排序学习在实际场景中的应用。

深度学习技术的引入，使直接通过数据建模文档间关系成为可能。基于贪婪选择的深度关系排序模型，沿用了传统关系排序中序列选择的思想，借助深度强化学习的表达能力，能够更好地建模文档间的序列关系。基于全局决策的深度关系排序模型，则直接从文档集合得到文档排序，将文档间的关系建模得更为充分，并去掉了不必要的约束，例如输入文档的顺序先验，从而获得了超越经典概率排序准则的关系排序学习框架。深度关系排序模型使得关系排序学习变得更加灵活和易用，可以直接拟合用户需求的排序列表，但是也引入了许多挑战，也是未来该领域的发展方向，包括：（1）关系排序结果的不可解释问题，直接将完整的列表反馈给用户，导致如何解释其中每一个文档的排序理由，以及解释为何这个排序列表比其他的列表更能满足用户需求，成为较为困难的挑战；（2）关系排序学习的效率问题，由于关系排序需要建模所有候选文档间的关系，其复杂度相对于满足概率排序准则的模型有了大幅度的提升，在实际应用场景中，尤其是实时性要求高的场景中，这会导致应用的效率问题。

第 6 章

深度查询理解

查询是用户信息的入口，表达用户的信息需求。查询理解旨在对用户输入的查询进行分析，以正确地理解用户的搜索意图和需求，从而为用户提供更人性化、有用、相关的搜索结果。在提升用户个性化搜索体验的同时，查询理解也在一定程度上从搜索引擎的信息输入口保证了用户的搜索体验。因此，如何准确有效地理解用户查询对于检索性能的提升至关重要，也是信息检索性能优化的核心方向之一。

然而，在搜索引擎中，查询理解面临着各种各样的挑战。例如，用户提交给搜索引擎的查询通常以简短的方式表达，只包含少量的关键词，缺乏具体详细的上下文和细节，这种模糊性和不确定性为系统准确理解用户的真实意图带来了挑战。传统的查询理解方法依赖规则或统计信息来理解用户意图。然而，随着现代搜索引擎的发展，用户基数变得庞大，网络语言新颖多样，传统的查询理解已无法应对复杂的语义理解挑战。

近年来，随着深度学习的发展，神经网络模型因其强大的表达能力，为查询理解注入了新的活力。结合深度学习技术的深度查询理解方法将文本映射到低维稠密的向量空间，可以有效地对短文本序列进行特征表示，有助于进行语义相似查询，快速做出相应改进、推荐和意图识别，具有良好的扩展性和灵活性，并且可以更全面地覆盖多数查询意图。随着深度学习技术的不断创新和研究，相信查询理解领域将产生更加精确、高效和智能的解决方案，为我们提供更优质的查询服务和用户体验。

在本章中，我们将首先介绍传统的查询理解方法，然后分别介绍深度学习在查询改进、查询推荐和查询意图识别中的应用。具体地，6.1 节介绍传统的查询理解方法；6.2 节、6.3 节和 6.4 节分别介绍基于深度学习的查询改进、查询推荐和查询意图识别方法；最后，6.5 节进行总结。

6.1　传统的查询理解方法

传统的查询理解方法主要基于规则或统计信息来构建和挖掘查询特征及其相关外部资源以实现查询理解。

查询改进的目标是对用户输入的不明确查询进行修正或者补充以提升检索质量。查询修正的核心流程是拼写错误修正、词的拆分与合并、短语分割、词干还原和缩略词扩展。传统的查询理解方法主要采用编辑距离、n-gram 重合度、基于语音纠正、语言模型等方式。

其中具有代表性的方法是利用编辑距离的方法[1]，其主要思想是将文本中的词与词典进行比较，如果某个词没有出现在词典中，则认为该词很可能存在拼写错误。词典中与某个词拥有最小编辑距离的词则作为其对应的正确的词。然而使用该方法需要人工构建词典，使得成本很高，而且人工构建的词典规模很有限。另外，对于查询改进，还有针对查询扩展的传统方法，其核心思想是通过某种形式的同义词词典进行全局分析。例如可以通过寻找同义词，寻找经过词干还原后词的所有形态词，对原有查询词重赋权重等方式实现。

　　查询推荐通过提示用户相似的查询来引导用户规范或修正其查询，以接近其准确的查询意图。传统方法主要通过挖掘和利用与查询相关的外部特征信息，以增强和优化查询。比如，挖掘用户日志，感知查询上下文[2]；利用相同任务查询，弥补查询信息[3]；增加查询用户的人口统计学特征，增强查询个性化[4]；融合查询意图推荐，避免噪声词对推荐结果的影响[5]。

　　查询意图识别是指经过前期多次查询改进和查询推荐后，对查询的精确意图做最后的分析推测。传统方法的核心是利用查询本身及其上下文的多种特征，手动或自动实现查询分类或聚类。其中查询分类是指预先定义类别集合，然后为查询分配其中的类别。可利用搜索语料库、查询字符串和用户日志等特征，采用具有共识的 Web 搜索、决策树、支持向量机等方法实现查询分类[6,7,8,9]。其中具有代表性的应用则是利用 Web 信息实现查询分类的方法[6]，其主要分为线上和线下两部分，框架如图 6-1 所示。

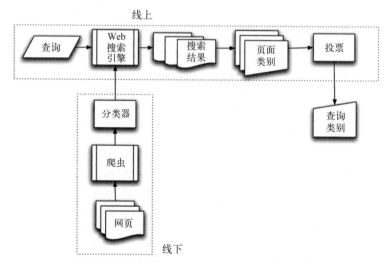

图 6-1　利用 Web 信息的查询分类框架[6]

其中线下部分将为网页构建索引，并为网页内容学习一个网页分类器。网页分类器以网页表示和类中心的余弦距离为分类依据：

$$L_{\max} = \mathrm{argmax}_{L_j \in L} \frac{\vec{l_j}}{\| \vec{l_j} \|} \cdot \frac{\vec{d_j}}{\| \vec{d_j} \|} = \mathrm{argmax}_{L_j \in L} \frac{\sum_{i \in |F|} w^{li} \cdot w^{di}}{\sqrt{\sum_{i \in |F|}(w^{li})^2}\sqrt{\sum_{i \in |F|}(w^{di})^2}}$$

其中，$\vec{l_j}$ 是类别 L_j 的中心，d 是属于类别 L 的文档，F 是特征集，w^{li} 和 w^{di} 是特征 i 的权重。线上部分则根据检索得到的网页结果执行实际的查询分类，形式化为：

$$P(L_j \mid q) = \sum_{d \in D} P(L_j \mid q, d) \cdot P(d \mid q) = \sum_{d \in D} \frac{P(q \mid L_j, d)}{P(q, d)} \cdot P(L_j \mid d) \cdot P(d \mid q)$$

随着深度学习技术的发展，查询理解技术由传统的、基于文本匹配的方式转而关注语义层面的深度理解。

6.2 基于深度学习的查询改进

由于现代搜索引擎用户基数庞大、网络语言新颖多样等，与传统的文本相比，搜索引擎中用户输入的检索词可能存在更高的在拼写、格式、同音异形、词序、缩写等方面出错的概率，以及更多种类的错误。因此，传统的挖掘显式特征和利用有限外部资源的方式已经无法应对新的挑战。结合深度学习技术，查询改进能更深层次地理解查询语义，提供更全面有效的修正和扩展方式，极大地改善用户的搜索体验。我们将从查询修正和查询扩展两个方面展开介绍基于深度学习的查询改进。

6.2.1 基于深度学习的查询修正

查询修正指对用户输入的查询进行错误纠正和修正的过程。据统计，英文搜索引擎的输入查询中大约有 10% 至 15% 含有拼写错误[10]；而中文搜索引擎的查询中经常存在同音字、近音字、拼音、英文拼写、格式等多种错误类型。比如，用户可能会将"香蕉"误写成"相蕉"，将"北京"的拼音"beijing"误写成"beijng"。若查询中部分词使用不当，可能产生歧义。错误或不恰当的查询往往会偏离用户真实的查询意图，导致搜索质量极差。因此有必要进行查询修正，这有助于搜索引擎改善用户意图理解，从而提高用户搜索体验和搜索结果的准确性。目前，查询修正技术已被广泛应用于百度、谷歌、必应等各大搜索引擎中。

查询修正存在诸多挑战和难点，如有严格的效率约束、查询常会有多种类型的错误，不仅产生单个单词的输入错误，而且可能难以区分单词边界。综合来看，用户查询的错误主要表现为单词的拼写错误和使用错误。相应地，查询修正可进一步分为词项独立的拼写修正和上下文敏感的修正。具体地，基于词项独立的方法主要用于纠正单个词的拼写错误，相关的传统方法众多，比如，利用噪声信道模型综合编辑概率和文本特征来进行拼写修正[11,12,13]，基于 n-gram 语言模型[14,15]，以及基于规则的方法[16]。这些方法的局限是依赖特征工程，难以捕捉查询上下文特征以及全局特征，导致修正方案不够准确。

深度学习具有捕捉前文信息、上下文信息、全局信息等能力，因而诞生了许多用神经网络进行上下文敏感的查询修正的方法。比如利用递归神经网络模型，并基于语音相似性生成伪数据对其进行训练。将正交信息和上下文作为整体进行融合，并以端到端的方式进行训练，取得了更好的效果[17,18]。例如，Li 等人[17]提出了嵌套的 RNN 结构同时编码字符和词级别的上下文信息。考虑到模型的健壮性,具有鲁棒性的修正框架 MUDE 也应运而生。该框架在每个单词的字符上采用序列到序列模型,其输出被输入词语级的双向 RNN,可以捕获带噪声句子中的多级顺序依赖关系[19]。

在大规模语料上训练过的、神经语言模型在许多基准数据集上都取得了巨大的成功。具有强大捕捉上下文能力的预训练模型也在查询修正中大显身手。具体地,通过 Transformer 编码器同时编码词和字符级别的上下文信息,并结合在大规模语料上预训练好的、基于子词的编码器,在模型中编码词的上下文信息。接着通过微调预先训练好的语言模型,将拼写错误作为序列标记任务进行联合检测和纠正[20],如图 6-2 所示。针对特定专业或领域的问题,比如医学临床环境下缺少标注数据集的问题,Kim 等人[51] 提出了基于条件独立假设来纠正拼写错误。他们将模型分解成了语言模型和腐蚀模型,通过在大规模语料上预训练过的深度语言模型和基于编辑的腐蚀模型,拼错纠正算法可以在存在少量或者没有真实数据的医学临床场景下发挥较好的作用。

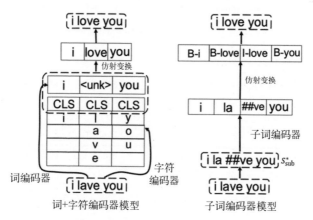

图 6-2　预训练模型捕捉词和字符级别的上下文的示意[20]

查询修正的目标还包含修正上下文中使用不当的单词。因此还需要上下文敏感度的修正技术，以检测在当前特定上下文环境下，是否存在使用不恰当的词。针对这个任务的常规做法是使用一个预先定义好的混淆集（错误单词和正确单词对应的词典），将查询和混淆集进行匹配，从而找出查询中使用不当的单词。常用的一类传统方法是使用 n-gram 语言模型，它可以根据大小为 n 的单词序列的频率计算预测该序列是否恰当的概率。然而该方法需要依赖第 n 个词前 n−1 个单词，这使得其可能无法使用上下文任意部分的特征。

神经网络为查询修正带来了新的可能性，它可以根据给定的任意上下文预测一个词。神经网络将单词映射成固定大小的嵌入向量，嵌入向量形成一个词的语义空间，在嵌入空间中相近的词通常出现在同一上下文中，因此语义相近。这一特性可用于拼写修正系统，以获取候选列表并对其进行排序[21, 22]。例如，Raaijmakers[21] 提出了一个深度图模型用来做查询修正。具体地，该图模型基于深度自动编码器，将无错误的字符串与比特串（比如语义哈希）关联起来，这些比特串可用于查找拼写错误的单词与正确单词的最相近的匹配，从而纠正拼写错误。神经网络也可以与词典相结合，共同发挥长处。利用词典训练递归神经网络，对于拼写错误的单词，为其返回一个候选字典单词。采用字符级双字符模型通过拼写错误的单词生成新的查询词。这些新的查询词也被给予训练的网络，以获得更多的候选词典[23]。随着注意力机制的提出，修正技术结合注意力机制有了进一步的发展。比如具有注意机制的、基于字符的端到端序列对序列方法，它还结合了在未标记语料库上训练的神经网络语言模型，并且通过简单递归单元可以达到长短时记忆的效果，能够有效地捕获长距离知识。这类方法可以统一查询纠错过程中对不同错误类型的建模，有效地弥补传统方法在查询纠错任务中的不足[24]。

6.2.2 基于深度学习的查询扩展

查询扩展方法可以在原始查询基础上增加从外部筛选的资源，以避免查询和文档的不匹配，也可以为查询词项挖掘隐含的特征信息。在互联网搜索技术发展的同时，用户需求的模糊性日益增强，甚至无法准确描述自身需求并提供相关的关键词。因此，用户可能只提供简短的查询词，缺乏具体细节信息。然而，查询作为信息检索的主要依据，其中包含的稀疏信息可能会导致检索结果的准确性下降。比如，在复杂的专业或领域中，用户由于知识的限制，提出的查询关键词无法满足主流检索方法的基本输入需求。因此对原始用户查询进行扩展则变得重要，查询扩展在原有查询语句基础上，通过添加相关或同义的词语、上下文信息或其他相关术语等方式和策略，扩大原始查询词的范围并丰富其语义，使得在检索过程中可以考虑更多的文档。查询扩展方法的实现主要有两类方法，第一类是为查询扩展相关的词项，比如增加查询释义词、同义词等，从而增加查询的丰富度，以便更好地匹配用户的查询意图，并提高检索结果的覆盖度和准确性；第二类是为查询词项重新计算权重，可以更加准确地反映查询词在文档中的影响力，从而改进检索结果的排序和相关性。

对于第一类方法，为查询扩展相关的词项，词的选择可以通过词典、语料库、Web，以及大规模预训练模型等实现。具有代表性的传统方法是根据语言学知识构建大规模的手工词典 WordNet，用于扩展查询词，基于大规模通用语料库信息统计的方法来选择扩展查询词和基于维基百科的伪相关反馈方法扩展查询词。这些方法的缺点是过于依赖词典和相关的语料库，导致查询扩展的效果不佳。基于深度学习的查询扩展充分利用了大规模预训练模型的能力来进行查询词的扩展。对于精排阶段，候选文档本身包含很多可利用的重要信息。为了更大程度地发挥 BERT 这类针对句子级的预训练模型的能力,专注于关键词的查询扩展任务也应该做出调整。比如将关键词的查询形式化为自然语言,将概念、包含词间关系的语法结构等扩展为句子。较为直观的做法是利用预训练模型 BERT 作为主体从排序靠前的候选文档中筛选相关的文本块,并评估筛选得到的伪相关文本块和查询的相关性,如图 6-3 所示。与查询相关性高的文本块则作为查询的拓展进行重排[29],重排过程是将所有相关文本块和单个文档匹配,通过 BERT 计算匹配分数,将加权和后的结果作为该文档和查询的相关性分数,如图 6-4 所示。该方法的优点在于可突出 BERT 处理句子级的能力和丰富的先验知识,同时也可结合候选文档信息选择查询词,极大提升扩展的准确性。

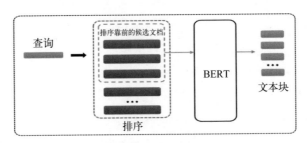

图 6-3　文本块选择示意[29]

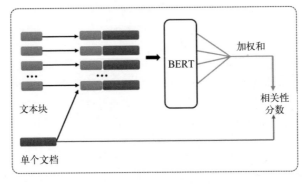

图 6-4　利用选择的文本块对文章进行重排示意[29]

对于检索场景，不仅需要保留原始查询的语义，还需要关注新增查询词与原始查询词的同义性，并确保扩展后的查询仍与原始查询保持语义一致性。因此，第二类方法利用神经网络学习上下文并重新计算查询词项权重的方式更适用于满足这些要求。神经网络为查询词项计算权重，以区分查询中每个词项的重要程度。这类方法不仅保持了传统方法检索的效率，还提升了检索的准确率。比如基于 CBOW 框架为每一个词项学习词向量表示，某向量表示和查询中所有词的平均向量差代表该词和查询中心的相对关系，并学习一个将相对关系映射为词项权重的模型，以扩展查询词项信息 [30]。还有基于 Word2Vec 在分布式和无监督的框架中使用语义和上下文关系的方法，它可为词汇学习低维嵌入。通过 k 近邻选择与查询词相近的词进行扩展 [31]。还可以结合局部约束语料库训练单词嵌入，学习得到的嵌入向量在查询扩展任务中表现良好 [32]。随着大规模预训练模型的发展，预训练模型包含更丰富的语义和先验信息，因此有了利用 BERT 等预训练模型为查询词项学习权重的方法 [33]。例如，DeepCT [33] 将 BERT 的上下文词项表示通过学习的回归函数映射为段落检索中上下文敏感的词项权重。

近年来，将相关反馈信息应用于查询扩展变得流行。伪相关反馈，即假设处于检索列表顶部的文档拥有和用户信息需求相关的信息的方法，因为该方法不需要额外的用户干预，被较广泛地应用到了查询扩展中。例如，LoL [52] 提出了比较同一查询在训练当中的不同版本，来区分反馈中不相关和相关的信息。具体地，LoL 使用不同的反馈多次修改了原始查询并且计算了它们的重构损失。然后额外的正则化损失被引入，用于惩罚会造成更大损失的反馈。通过这种正则化，基于伪相关反馈的模型有望通过比较不同的查询修改效果来学习抑制额外增加的无关信息。

6.3 基于深度学习的查询推荐

现有的深度查询推荐工作一般通过两种模式完成。第一种是基于检索的模式，通过对候选查询进行排序，返回与用户查询较相关的若干个查询。该模式简单有效，但受限于候选查询的数量和质量，特别是对于罕见查询而言，很难找到相似的候选查询。第二种是基于生成的模式，将用户查询作为条件，通过条件语言模型生成推荐的查询。该模式灵活多样，但生成相关查询的准确性有限。此外，查询自动补全是一种特殊形式的查询推荐，根据用户输入的查询前缀推荐可能需要的查询，其实现方法同样可分为基于检索和基于生成的模式。

在基于检索的模式中，首先使用神经网络模型提取查询的判别特征作为查询的表示，并通过应用排序损失函数训练表示模型。该模型用于编码候选查询和用户输入的查询，计算相似度并返回相似度高的查询作为推荐查询。已有工作通过使用 RNN，对单轮或多轮查询会话数据[36]、浏览和点击等用户行为建模[37] 来表示查询，其中，引入用户行为可以增加推荐查询的多样性。检索式的查询补全方法中，已有工作通过检索现有查询中频繁出现的 n 元词组作为后缀补全当前查询，与现有查询一起作为候选查询排序，增强原始排序方法[38]。

例如，AHNQS[36] 采用具有层次结构的 RNN 并结合注意力机制为用户搜索历史建模，分别通过单轮和多轮查询会话数据捕捉用户短期和长期的搜索偏好，如图 6-5 所示。

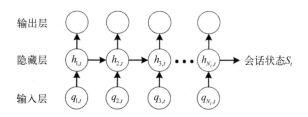

图 6-5　AHNQS 模型基本结构 [36]

训练时，将用户实际提交或输入的查询视为正例，其他都视为负例，并通过它们使用排序损失函数优化模型，使正例得分高于负例得分。损失函数公式如下：

$$L(q^+, q^-) = \frac{1}{M_{q^-}} \sum_{j=1}^{M_{q^-}} \sigma\left(f(q_j^-) - f(q^+)\right) + \sigma\left(f(q_j^-)^2\right)$$

其中，M_{q^-} 表示查询负例的个数，$\sigma(\cdot)$ 表示 sigmoid 函数，$f(q_j^-)$ 和 $f(q^+)$ 分别表示查询负例和查询正例的分数，根据会话数据计算得到。

测试时，为每个候选查询计算其作为推荐查询的分数，并将候选查询列表根据分数排序。

基于生成的模式使用编码器 - 解码器架构，首先对会话数据和用户行为建模，然后以此作为条件生成推荐查询。早期工作通过使用 RNN 等 Seq2Seq 模型，将用户在同一个会话内提交的历史查询拼接作为输入提取特征 [39,40]。后来的工作通过引入点击信息等用户行为数据，结合记忆网络（FMN）[41]（见图 6-6）、Transformer [42] 等神经网络模型，从多元数据中捕捉用户隐式的意图信号，更切实地满足不同用户的信息需求，增加生成查询的多样性。已有的生成式查询补全工作则利用基于 RNN 的语言模型逐个词 [43] 或逐个字符 [44] 地补全查询。

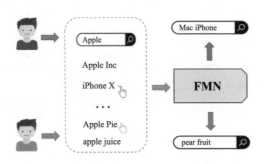

图 6-6 结合点击信息的查询推荐[41]

例如，HRED[39] 通过使用层次化的循环编码器－解码器完成用户输入查询到推荐查询的映射，如图 6-7 所示。

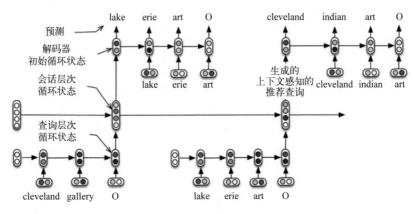

图 6-7 HRED 示意[39]

解码器在生成下一个推荐查询时，根据下面的公式计算下一个查询的概率：

$$P(q_m \mid q_{1:m-1}) = \prod_{n=1}^{\text{len}_m} P(t_{m,n} \mid t_{m,1:n-1}, q_{1:m-1})$$

$$P(t_{m,n} = v \mid t_{m,1:n-1}, q_{1:m-1}) = \frac{\exp \boldsymbol{o}_v \omega(h_{m,n-1}, t_{m,n-1})}{\sum_k \exp \boldsymbol{o}_k \omega(h_{m,n-1}, t_{m,n-1})}$$

$$\omega(h_{m,n-1}, t_{m,n-1}) = H_o h_{m,n-1} + E_o t_{m,n-1} + b_o$$

其中，q_m 表示要生成的第 m 个查询，len_m 表示它的长度，$t_{m,n}$ 表示它的第 n 个词，$h_{m,n}$ 表示它的循环隐状态，$\boldsymbol{o}_v$ 表示单词 v 对应的向量。模型通过对会话 S 进行极大似然估计完成训练，公式如下：

$$L(S) = \sum_{m=1}^{M} \log P(q_m \mid q_{1:m-1})$$

6.4　基于深度学习的查询意图识别

现有的深度查询意图识别工作主要采用深度文本分类技术，基于给定的监督信号，将查询划分到预定义的意图类别体系中。采用深度文本分类技术，能有效捕捉短文本查询之间的相似性，更好地为查询与类别的映射关系建模。但该方法的限制在于需要预先定义类别标签，提供监督信号。少数工作融合了深度文本聚类技术实现查询聚类，自动寻找合适的聚类中心并对齐簇和查询样本，或通过迁移学习等技术解决标签有限的问题。

6.4.1　基于深度学习的查询分类

深度查询分类方法首先采用 CNN、BERT[45,46,47] 等主流神经网络模型提取查询特征作为表示，然后通过分类层将查询的表示映射到类别标签上。查询分类基本流程如图 6-8 所示。已有工作[45,48] 对单类别和多类别的查询分类进行了探索。除了对完整查询的词语级意图分类进行研究外，还有工作[46]探索了用户在输入时的字符级别的意图分类，分别侧重于快速响应的时间要求和准确判断的准确率要求。与查询推荐相同，引入查询会话数据以提供上下文信息，能进一步提升查询意图分类的准确性[48]。

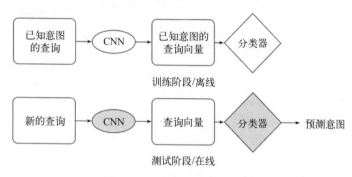

图 6-8 查询分类基本流程[45]

例如，将 CNN 用于查询分类的方法[45]使用 Word2Vec 向量作为词表示，然后使用不同尺寸的卷积核（卷积核的尺寸分别为 2d，3d，4d，d 为词表示的向量维度）进行卷积操作并池化，得到查询的向量表示，如图 6-9 所示。

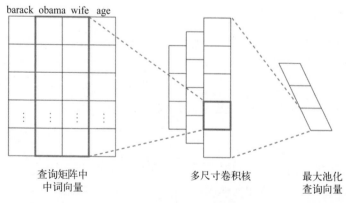

图 6-9 CNN 用于查询分类的例子[45]

接着，在查询向量后接全连接层与 softmax 层得到查询类别。训练时，使用交叉熵损失函数离线学习模型参数：

$$L(y^P, y^G) = -\sum_i y_i^G \log(\text{softmax}(y_i^P))$$

其中，y^P 和 y^G 分别表示预测的类别和实际的类别。

在基于预训练的查询分类模型 [47] 中，通过将单层的 CNN 和 BERT 相结合的方式来识别查询意图。因为用户的查询语句通常是短文本类型而且 CNN 已被证明适用于完成短文本分类任务。通过 BERT 作为句子编码器，可以准确地获得句子的上下文表示，从而更好地提取句子语义和捕获长距离依赖关系，显著提高意图识别的能力。

6.4.2 基于深度学习的查询聚类

上述有监督的查询分类方法简单有效，然而，在查询意图的类别不确定的情况下，可能存在数目众多的潜在查询意图，想要预先确定意图类别是有难度的。查询聚类是一种无监督的方法，通过融合深度文本聚类技术，自动学习合适的聚类中心，并将查询样本划分到最近的聚类中心，以此确定查询意图 [49]。例如，CluE [49] 通过归纳将神经文本聚类方法扩展应用到文本分类任务。通过隐变量模型聚类中心并与分布式词嵌入进行交互，来丰富词的表示并且衡量词和每个可学习的集群质心之间的相关性。此外，引入迁移学习技术，也能有效解决标签有限的问题 [50]。

以上的查询理解方法虽然在一定程度上可自动识别用户的查询意图，但是，由于丢失了许多详细信息，在意图类别/团簇级别理解搜索查询并不十分精确。正如我们可能会在许多相关性排序数据集中发现的那样，查询通常与人工标注者提供的详细描述相关联，这些描述清楚地表示了其搜索意图。如果一个系统能够像人类标注者一样为搜索查询自动生成详细而精确的意图描述，那表明它已经对查询有了更好的理解。

因此，在 CtrsGen[53] 中引入一种新颖的"查询意图描述生成"任务来进行查询理解，如图 6-10 所示。给定一组与查询相关和不相关的文档，Q2ID 任务旨在生成自然的语言意图描述，以解释查询的信息需求。为了完成这个任务，对比生成模型 CtrsGen 通过对比与给定查询相关和不相关的文档生成意图描述。具体地，CtrsGen 模型采用了 Seq2Seq 模型，在编码阶段，用一种查询指导的编码注意机制来关注可以揭示查询基本意图的重要句子。在解码阶段，基于对比的解码注意力机制通过对比相关文档和不相关文档的相似性，调整句子在相关文档中的重要性。通过这种方式，CtrsGen 模型可以基于对比来识别区别最大的主题。

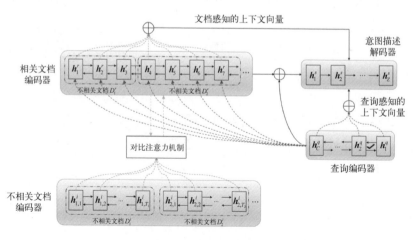

图 6-10 CtrsGen 模型[53]

6.5　小结

查询理解是搜索引擎和用户间的桥梁，因此其重要性不可忽视。在本章中，我们从查询改进、查询推荐和查询意图识别 3 个方面介绍深度查询理解的相关知识。在查询改进方面，主要介绍了查询修正和查询扩展的相关知识；在查询推荐方面，主要介绍了利用查询日志中用户搜索行为信息的方法；在查询意图识别方面，主要介绍了查询分类、查询聚类。通过多次的查询改进和查询推荐，我们可以从用户的查询中正确理解用户的搜索意图，从而提高搜索引擎的检索结果质量和优化用户搜索体验。

除此之外，查询理解还有许多挑战和有待探索的领域，比如特定任务场景的查询理解和跨语言的查询理解。对于特定任务场景的查询理解，通用的查询理解技术可能不适用。如对于医学领域的查询理解，现有的检索系统针对医学相关的查询常出现词表不匹配、概念不匹配等问题，需要专门考虑医学领域的概念表述、特有词等。此外，对于跨语言的查询理解，在大多数场景下，用户的查询和待检索的文章都使用同种语言。但随着信息化和国际化的推进，跨语言检索有越来越多的需求。在这种情况下，查询翻译是一个关键问题。通用的翻译技术可能会对后续的检索产生负面的影响。因此，查询翻译技术也有待进一步探索。

第 7 章

交互式信息检索

在信息检索场景中，用户需要与搜索引擎交互，迭代式地完成信息搜寻的任务。但是以往的信息检索研究主要集中在面向系统的优化上，例如优化文档表示、设计匹配算法，从而使检索系统具备更高的准确性和效率。信息检索系统与用户交互方面的研究，没有得到应有的重视。随着近十几年搜索引擎对在线搜索需求的不断增加，结合面向系统和面向用户两者优势的交互式信息检索（interactive information retrieval，IIR）[1]成为信息检索研究领域的一个新兴研究主题。交互式信息检索针对用户难以构建良好的查询项的情况，通过检索平台与用户的交流互动不断修改查询项，从而为用户提供更准确的检索结果。

早在 20 世纪 60 年代，研究人员在开发第一个大型交互式信息检索系统 MEDLARS[2] 时，就已经认识到信息检索过程的交互性质和查询重构对于信息检索的必要性，并且多年来，已经对此开展了大量研究工作。然而，当下主流的搜索引擎的算法，仍然主要基于优化单一查询结果而设计。造成这种情况的一个主要原因，是对于如何对交互式信息检索问题进行数学建模，以及如何将诸如概率排序准则之类的原则推广到交互式信息检索缺乏认识。此外，如何推广 Cranfield 评价方法 [3] 来量化交互式信息检索系统的性能，也是交互式信息检索面临的一个挑战。

近年来，随着深度学习尤其是强化学习的发展，交互式信息检索相关课题的研究工作迅速增加，如对话式搜索和推荐[4,5,6]、在线排序学习[7]、搜索结果多样化[8,9]以及交互式信息检索的强化学习[10]。在上述研究工作中，研究人员取得了许多基础性的进展，比如提出了交互式信息检索的博弈论框架[11]、交互式信息检索的概率排序准则[12]，以及接口卡片模型[13]、经济学交互式信息检索模型[14]、对话搜索模型[5]和动态检索模型[15]等。

本章的内容组织如下。7.1 节介绍将交互引入信息检索中的基础知识，包括交互的概念和合作博弈框架及其衍生的模型。基于这些基础模型，结合深度学习的强大表示能力，7.2 节进一步探讨深度交互式信息检索在代理搜索、会话搜索和对话搜索等场景下的应用。7.3 节对本章内容进行总结。

7.1 基础知识

在本书中，我们将首先从不同视角探讨交互式信息检索中的交互概念，然后介绍用于交互式信息检索建模的合作博弈框架[11]，并在该框架下解释目前常见的交互式信息检索模型。

7.1.1 交互的概念

交互是信息检索不可或缺的流程，可以从认知信息检索、人机交互和搜索引擎运行等多个不同视角看待信息检索中的交互概念。

从认知信息检索视角出发，丹麦哥本哈根大学的情报学家 Peter Ingwersen 从 20 世纪 90 年代开始，经过三十多年的不断研究（从研究认知观、信息检索交互发展到研究认知信息检索交互）最终于 2005 年和他的研究团队确立信息查询与检索集成认知模型，其中包含的交互式信息检索理论也趋于完善，整体主义认知观也得到了全面发展。Peter Ingwersen 教授在其 1992 年出版的 *Information Retrieval Interaction* 一书[16]中写道：“交互式信息检索是在信息检索过程中发生的交互式交流过程，涉及信息检索中的所有参与者，即用户、中介和检索系统。”因此，认知信息检索视角下的交互范围是最广泛的，不仅包含人机之间的交互，还包含人与人之间的交互。

从人机交互视角来看，交互则只能在人与系统之间进行，但是系统不仅可以完成检索的任务，还可以在交互中借助更完善的界面完成更复杂的任务。在人机交互环境下，用户和检索系统之间的交互存在复杂性。具体而言，用户的搜索、浏览、判断相关性及其他行为都要通过用户和检索系统之间的交互来完成。检索过程大多采取交互循环标准模型，其工作流程包括查询的详细描述、接收并考查检索结果，然后，终止或重构查询并重复上述过程，直至得到令人满意的结果。可以依据下列步骤来描述这一标准模型的工作流程：（1）以信息需求为出发点；（2）选择查询系统以及作为查询对象的信息集合；（3）构造查询；（4）向系统提交查询；（5）接收以信息检索词形式表达的查询结果；（6）查看、评价并说明查询结果；（7）结束查询，或转到第 8 步；（8）重构查询并返回第 3 步。

从搜索引擎运行视角来考虑，交互仅限于搜索引擎内部的多个模型（如查询重构模型，检索召回模型、精排模型和问答模型等）之间。这些模型一般会按照特定的流水线进行串行的交互，即下游模型使用上游模型的输出作为输入，比如，检索召回模型会使用上游查询重构模型生成的查询作为排序匹配的目标，精排模型会以检索召回模型得到的检索列表作为候选池进行重排序。此外，对于复杂的信息需求，搜索引擎还可以让内部的模型循环交互，比如在新的一轮搜索迭代中，查询重构模型还会使用其下游的检索召回模型在上一轮获取的排名靠前的文档作为伪相关反馈来生成新的查询。

7.1.2 合作博弈框架

在搜索引擎的实际应用中，用户往往会参与到涉及多个查询的互动过程中。然而，传统的信息检索无法建模和优化这个过程。为此，翟成祥教授等人在 2016 年提出了一种合作博弈框架[11]，很好地形式化了交互式信息检索中的交互过程。该框架的核心思想是将交互式信息检索建模为用户和搜索引擎之间的合作博弈。博弈的流程大致如下。

（1）用户和搜索引擎轮流"行动"（action，A），即用户和搜索引擎交替采取动作，类似两人下象棋。

（2）第一个动作通常由用户作出，即用户输入查询。

（3）对于用户的每一个动作，搜索引擎都会作出响应动作（response，R），即显示交互界面；而对于搜索引擎的每一个动作，用户也会作出响应动作，即在界面上采取行动。

（4）当用户完成信息搜寻任务或决定放弃搜索（未能找到所需信息）时，博弈结束。

如图 7-1 所示，用户输入的查询是博弈中的第一个动作（A_1）。作为响应，搜索引擎必须决定采取什么行动，包括展示哪些信息项和如何展示。假设搜索引擎决定在界面中显示搜索结果列表 R_1，用户将查看界面并决定浏览哪些信息项，即选择信息项（A_2）。作为 A_2 的回应，搜索引擎需要进一步决定如何展示用户选择的信息项。不过在普通的检索系统中，这类决策往往会被忽略，因为搜索引擎往往把整个文档返回给用户。如果要优化搜索引擎的回应，我们可以尝试只显示长文档中最相关的部分，或者显示可以进一步导航到原始内容的摘要即预览 / 总结信息项（R_2）。在查看完一个信息项后，用户需要作出一个新的决策：是否浏览更多？如果用户决定查看更多，可以向下滚动页面或者点击"下一页"按钮，这将被视为用户的新动作。在这之后，搜索引擎可以做与它响应原始查询时类似的事情，即再次决定要展示哪些信息项及如何展示它们。不过，在用户向下滚动页面或者点击"下一页"按钮后，由于搜索引擎更了解用户的需求，显示给用户的结果可能与原来的一页有很大不同。这样的交互过程会一直继续，直到用户认为他已经查看了足够多的信息项并决定停止。

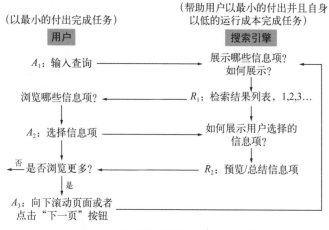

图 7-1 合作博弈框架流程示意[11]

虽然检索不像下象棋那样是"零和博弈"，但是它也涉及多步操作的序列决策优化。就像在象棋比赛中，为了赢得比赛有时会牺牲一个棋子一样，搜索引擎有时也会采取"局部损失"的策略以在整个会话中获得更大的收益。比如，当查询有歧义时，搜索引擎可以要求用户澄清查询中词的含义（如"捷豹"一词是指汽车还是动物）。这一举措并不是局部最优的，因为它给用户带来的体验不如系统简单地猜测"捷豹"的含义并提供一些搜索结果，但只要系统知道了"捷豹"的明确含义，就有助于在所有未来的决策中优化结果。

然而，如何在数学上优化上述例子这样的序列决策问题呢？搜索引擎什么时候该问澄清式问题，什么时候又不该问呢？通过设定表 7-1 中的这些变量，我们可以把交互式信息检索决策问题定义为：对于给定情境 S、用户 U、语料库 C、交互历史 H 和当前动作 A_t，搜索引擎从对 A_t 的所有可能的响应 $r(A_t)$ 中选择一个最佳响应动作 R_t。

表 7-1　变量设定

变　　量	含　　义
t	迭代轮数（time step，时间步）
A_t	用户 U 在第 t 步采取的行动
$r(A_t) = \{r_1, r_2, \cdots, r_n\}$	针对 A_t 的所有可能的响应
$R_t \in r(A_t)$	搜索引擎针对 A_t 的最佳响应动作
$H = \{(A_t, R_t)\}$	用户与搜索引擎的交互历史
C	语料库，包含所有可被搜索到的信息项
S	当前的搜索情境，即搜索上下文（如搜索的日期和地点）

在这种定义下，传统信息检索可以看作交互式信息检索的一种简化版本，用户的查询可以被看作 A_t，而语料库的一个排序列表则可以被看为 R_t。当然，作为一种通用的定义，用户和搜索引擎的动作绝不仅限于查询和排序列表，查看文档、点击"下一页"按钮、点击鼠标、移动鼠标指针和许多其他用户操作也都可以被看为 A_t，而搜索引擎对用户动作

的响应也可能包括搜索引擎可以向用户显示的任何交互界面，如图 7-2
所示。

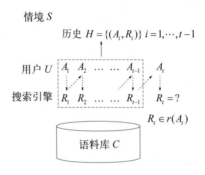

图 7-2　检索风险最小化框架[11]

更加严谨地看，合作博弈框架使用贝叶斯决策理论将交互式信息
检索形式化为统计决策问题。这一框架可以看作检索风险最小化框架的
推广。在图 7-2 中，可观察到的变量包括 S、U、H、C 和 A_t，要选择的
动作空间为 $r(A_t)$，为了评估哪个动作是一个好的动作，合作博弈框架
通过损失函数 $L(r_i, M, S)$ 来选择响应动作，其中变量 M 表示用户 U 的
模型。直觉上，系统应该选择一个能够最小化损失函数的响应动作。不
过，用户模型 M 具体是什么呢？ M 理论上应编码所有系统能够获取的
用户详细信息，至少应该包含用户的信息需求 θ_U。信息需求最初只能
根据用户的查询来推断，但如果系统知道更多关于用户的信息，则可
以对其进行更新。M 还可能包含用户的知识状况 K（即用户的已知信
息，如用户已经浏览过的信息项和用户的阅读水平）、浏览行为 B 以及
用户的任务信息 T。如果 M 明确指定，那么优化 $L(r_i, M, S)$ 将相对简
单。然而，一般情况下，M 是不明确的，因此系统只能使用后验分布
$p(M | U, H, A_t, C, S)$ 根据所有观察到的变量推断 M，它可捕获系统关于

M 的信息。考虑到存在不确定性，该问题的解应该是能够最小化图 7-3 中期望损失（贝叶斯风险）的响应动作。

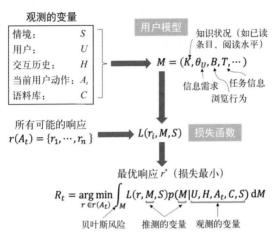

图 7-3 最小化期望损失（贝叶斯风险）的响应动作 [11]

不过，贝叶斯风险的计算需要对所有用户模型所在的空间进行积分，这显然是难以实现的。因此，可以考虑用 M 的后验分布的众数 $M^* = \mathrm{argmax}_M\, p\left(M \mid U, H, A_t, C, S\right)$ 来近似替代积分计算：

$$R_t \approx \arg\min_{r \in r(A_t)} L\left(r, M^*, S\right) P\left(M^* \mid U, H, A_t, C, S\right)$$

$$= \arg\min_{r \in r(A_t)} L\left(r, M^*, S\right)$$

可用以下两个步骤来选择最佳响应动作：（1）基于所有当前可用信息计算更新的用户模型 M^*；（2）给定 M^*，选择一个最优响应动作来最小化风险。图 7-4 展示了系统采取以上步骤时的博弈过程，在图 7-4 中，系统维护了一个用户模型 M 作为其内部状态的一部分，并在每次迭代中动态地更新它，然后选择一个能最小化损失函数的响应动作。由此可见，系统的决策过程可以自然地看作以 (M, S) 为状态的部分观察马尔可夫决策过程（POMDP）[17]。当使用部分观察马尔可夫决策过程对交互式信息检索进行建模时，我们将可以使用强化学习来让检索系统在与用户的交互中学习决策策略。

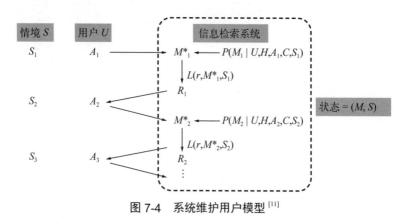

图 7-4 系统维护用户模型 [11]

同理，如图 7-5 所示，如果记语料库和搜索引擎为检索环境 E，那么用户的决策过程也可以自然地看作以 (E, S) 为状态的部分观察马尔可夫决策过程。

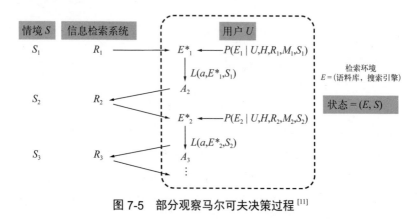

图 7-5 部分观察马尔可夫决策过程 [11]

除了上述翟成祥教授等人正式提出的合作博弈框架[11]，还有很多交互式信息检索的方法也使用了合作博弈的思想[13~15]，但它们更关注对博弈中的玩家进行建模，可以看作是上述合作博弈框架的一些实例。下面我们将介绍三个代表性的工作，前两个侧重建模检索系统或用户，第三个利用对偶性对两个玩家同时进行建模。

1. 界面卡片模型

开发信息检索的形式化模型一直是一项重要的基本挑战。传统的概率排序准则（probability ranking principle，PRP）[18]构成了概率信息检索模型的理论基础。基于文档的顺序浏览和相关性独立的假设，概率排序准则认为按文档与查询相关的概率降序排列的文档是最优的。其中，文档的顺序浏览假设是指用户将按排序列表的顺序浏览结果，而文档的相关性独立假设是指每个文档与查询的相关性（效用）是与其他文档的相关性无关的。然而，概率排序准则的基本假设往往不成立，其观点对于交互式信息检索来说过于狭窄，原因如下。

（1）在现实场景下，相关性总是取决于用户以前看过的文档。比如用户经常想找到为一个给定问题提供多种不同答案的相关文档，因此任何额外的文档的相关性显然取决于之前看到的相关文档。

（2）交互式信息检索由各种类型的用户行为组成，通过顺序浏览文档列表来识别相关条目并不是交互式信息检索中最关键的活动之一。相比之下，从用户的角度来看，很多其他行为（如查询重构、分页浏览）似乎更常用。

这么看来，经典概率排序准则的假设并不适用于交互式信息检索，它关注结果列表但错过了交互的主要部分，因此最多只能产生一个局部最优解。为了开发一个交互式信息检索的概率排序准则，Fuhr 在 2008

年提出的交互式信息检索概率排序准则 [12] 做了以下扩充。

- ❏ 考虑完整的交互过程，包括用户与检索系统的各种交互，如：浏览相关术语列表，查看摘要或者点击超链接，而不是只关注文档排名。
- ❏ 允许不同类型动作拥有不同成本和收益，例如：选择一个拟议的扩展术语的代价应该比寻找一个搜索术语的同义词的代价更小，修改查询带来的收益应该比判定文档相关性带来的收益更大。
- ❏ 允许信息需求的变化，原则上说，用户在搜索过程中发现的任何积极信息都可能改变他的信息需求。

在交互式信息检索概率排序准则中，交互式信息检索系统会向用户展示一个选择列表，之后用户会以线性顺序来评估选择，并且只有积极的决定 / 选择才对用户有益。此外，新的准则还引入了情境（situation）这一概念，它用以反映用户正在进行的交互式搜索的系统状态。情境是由用户在某个情境中需要评估的一系列选项组成的，而用户的积极决定将使他进入另一个情境。从系统的角度来看，在一个情境中，系统对用户信息需求的认知是不会改变的，只有在转换到另一个情境时才会进行更新。换句话说，当用户在同一情境中时，可以假设其信息需求是静态的，但过渡到另一个情境时则可能会改变信息需求。这也意味着，交互式信息检索概率排序准则隐式地放弃了文档的相关性独立假设，即积极的相关性判断可能会改变信息需求，因此以前相关的文档现在可能被认为是不相关的。

不过，交互式信息检索概率排序准则没有解决文档的顺序浏览假设问题。顺序浏览的假设触及一个更大的问题，即如何对交互式信息检索系统的界面设计进行正式建模？

一般来说，用户和交互式信息检索系统之间的任何交互都可以被划分为一系列的交互圈（interaction lap），在每个交互圈中，用户做出一个动作，然后系统通过选择优化的界面实例来对用户的动作做出反应。例如，在一个传统的搜索引擎中，第一个交互圈是由用户发出一个查询，然后搜索引擎以 10 个较相关的条目作为第一个结果页的内容来回应。在这个交互圈之后，用户可以通过点击一个信息项或"下一页"按钮做出第二个动作，而界面的反应是显示一个为感知的用户动作而优化的第二个结果页。

为此，张一楠和翟成祥在 2015 年进一步放宽了顺序浏览的假设，并提出了一个更通用的形式化模型来自动优化交互界面，它称为界面卡模型[13]。这个模型的基本思想是将交互式信息检索过程看作检索系统与用户进行合作性纸牌游戏的过程。具体方式如下：在每个交互圈，面对当前的检索环境，系统将选择一个最佳的"界面卡"呈现给用户。然后，用户可以从与所展示的界面卡相关的一组可能的行动中执行任何行动。根据用户对界面卡的操作（例如，选择一个特定的面值），系统将过渡到一个新的环境，并必须选择另一个（通常是新的）界面卡展示给用户。游戏将以这样的方式继续进行，直到用户决定停止（由于满足了信息需求或放弃了搜索）。在每个交互圈中，系统的目标是选择一个界面卡，使用户的预期收益最大化，同时考虑到用户的行动模型和对界面卡的任何预期约束，使用户的付出最小化。

作为合作游戏框架的一个一般实例，这样一个通用的形式化界面卡模型不仅可以通过多重简化假设（包括顺序浏览假设）涵盖交互式信息检索概率排序准则这个特例，而且还可以通过假设一个界面卡由一个或多个信息块组成以支持交互式导航，并且用户的动作主要是选择其中一个呈现的信息块，从而推导出一个新颖的用于自适应优化检索系统中导航界面的界面模型。

2. 信息检索经济学模型

在合作博弈框架中，除了对检索系统的建模，对用户的决策过程进行建模也非常重要。在这个方面，信息检索经济学模型[14]是一种非常有效的建模方法。

当与一个系统互动时，用户需要做出许多选择，决定采取什么行动以推动实现他们的目标。每一个行动都是有代价的（例如，所花的时间、所需的付出、认知负担、经济成本等），而行动可能会也可能不会带来一些好处（例如，更接近完成任务、节省时间、节省金钱、发现新的信息、获得乐趣等）。以这种方式来定义的人机交互模型推导出一种从经济学视角设计和开发的用户界面。通过开发交互的经济学模型，可能对用户的行为进行预测，理解他们所做的选择并为设计决策提供信息。当交互被设定为一个经济问题时，我们可以研究哪些行为会在给定的成本下产生最大的收益，或者在给定的收益水平下产生最小的成本，然后就可能确定在任务、界面、环境和约束条件下，一个理性的用户应该采取的最佳行动方案是什么。

考虑一个简单的例子：一个朋友刚刚完成了一场马拉松比赛，你很想知道他用了多长时间完成比赛。你已经打开了显示所有时间和选手名字的网页，它们按时间排序。你有两个选择：（1）滚动列表，（2）使用查找选项。第一个选择意味着找到朋友的名字平均需要滚动浏览一半的名字，而第二个选择则需要选择查找选项，输入朋友的名字，然后检查匹配的名字。除非名单非常少，否则第二个选择成本更低且更准确。因此，我们可以建立一个简单的成本和收益模型来指导在什么时候使用查找选项比滚动列表更好。然而，即使是直觉上如此简单的设定，我们也做了如下一些假设：

(1) 用户想找到朋友的表现（并且该朋友参加了马拉松比赛）；

(2) 用户知道并且能够执行这两个动作（滚动和查找）；

(3) 用户想尽量减少完成任务的时间。

这些假设为正式模型的建立提供了基础，而最后一个假设是大多数经济学模型所共有的。在经济学模型中，通常假设用户是理性的经济主体，他们试图使自己的利益最大化，并且可以学习演变和调整他们的策略，以达到最佳的互动过程。因此，信息检索经济学模型是规范的，它给出了一个理性的用户应该如何根据他们对系统的知识和经验采取行动的建议。如果一个用户不知道查找选项，那么他们的选择就会受到限制，所以他们会选择滚动列表（或者选择不完成任务，即"什么都不做"）。然而，当他们了解到查找选项的存在时，也许是通过探索性的互动或从其他用户那里了解到的），那么他们就可以在不同的策略之间做出决定。虽然假设用户是理性的似乎是一个相当强烈的假设，但在搜索的背景下，许多工作已经表明，用户适应系统，并倾向于在给定的成本下实现利益最大化或在给定的利益水平下实现成本最小化。因此，当一个用户知道查找选项时，他就会选择它，因为滚动列表足够长，使用查找选项可能会减少所产生的总成本。

简单来说，经济学模型的核心原则是效用最大化，即假设用户在与系统交互时，在预算和其他约束条件下寻求利润／利益最大化。通过这样的假设，经济学模型可以用来考虑不同策略之间的权衡，推理用户在成本和收益发生变化时将如何调整他们的行为，并预测界面的变化或用户的交互行为将如何影响性能和行为。

3. 动态检索模型

在实际情况中，信息检索中许多因素（如用户、信息需求、查询和相关性等）其实都是动态变化的，而合作博弈框架中的动态则主要体现在不断更新的状态（情况 S 和用户模型 M）。动态检索模型的显著特点是对序列决策的优化，即对未来交互范围内预期效用的优化。这类模型通常用于会话搜索、多页搜索和在线排序学习。其中，会话搜索是在一次会话中优化总体搜索结果；多页搜索需要同时优化多个页面的搜索结果；在线排序学习是将搜索引擎当作持续学习的智能体。为了训练动态检索模型，通常需要用 MDP/POMDP、强化学习等技术。

在动态检索模型中，一个具有代表性的工作是 DASG（dual-agent stochastic game，双代理随机博弈）[15]。DASG 的主要思想是将动态搜索建模为一个双智能体的随机博弈（一种部分观测马尔可夫决策过程的标准变体）：用户智能体和搜索引擎智能体进行合作博弈，它们共享决策状态并一起工作以共同最大化它们的目标。如图 7-6 所示，DASG 捕获了用户和系统决策的对偶性，有效促进了人机协作、通信和认知的优

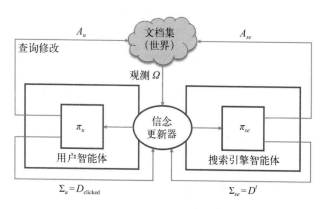

图 7-6　DASG 动态检索模型框架 [11]

化。在该框架中，用户的搜索状态，如利用、探索、挣扎等，被建模为隐藏状态，只能通过用户交互数据来估计。在每次搜索迭代中，搜索引擎智能体从一组候选算法中挑选一种搜索算法，以使奖励函数最大化。这为模拟动态搜索提供了一个通用的框架，因此可以使用强化学习算法来优化检索结果。

除了界面卡片模型优化的传统人机交互接口外，基于自然语言的对话接口也非常符合计算设备和接口设计的趋势。随着机器学习的发展，语音识别的准确性也在逐步提高，基于语音的搜索输入的普及率也在增加。用户和搜索系统之间自然语言对话的增加甚至可能导致一次性关键词查询的主流交互系统被对话系统取代。因此，基于自然语言对话来动态捕获用户信息需求的搜索模型已经成了一个重要的研究方向。

7.2 深度交互式信息检索模型

随着深度学习的引入，信息检索中的交互能够被更好地表达和建模，利用深度强化学习、自然语言生成模型等深度学习中的前沿技术，对交互策略、用户行为、主动回复等场景进行建模。目前，深度学习算法对标注数据的依赖在许多领域都是一个具有挑战性的问题，在交互场景下的标注数据更难获取，也更为稀疏。因此，将深度学习引入交互式信息检索场景下的研究，也处于初级探索阶段，其中包括代理搜索模型、会话搜索模型和对话搜索模型的研究。从引入的难度来看，用户参与程度越高、系统自主意识越强的应用难度越大。从低难度到高难度，代理搜索模型旨在通过用户输入的查询项，代理用户与系统进行多轮的交互，挖掘更丰富、关联性更强的信息，其中对交互策略的建模是交互式信息检索场景的核心挑战；会话搜索模型则引入了用户的多次交互信息，期待系统能从多轮用户交互历史中学习更好的反馈检索内容，其中对用户行为的理解建模尤为关键；对话搜索模型中的系统则需要模拟人的行为，主动生成自然语言与用户交互，重点在挖掘和探索用户的真实需求，其中主动回复的生成是难点。

7.2.1 代理搜索模型

虽然交互式信息检索可能会考虑用户通过交互和反馈（如阅读文档、反馈相关性、修改查询或澄清歧义等）在线地改进后续的文档排序结果，但这对用户行为质量的要求很高，即需要用户必须认真、耐心且理智地根据自己真实的信息需求进行交互操作。然而，在现实场景中，用户大多是懒惰、贪心且短利驱动的，因此期望用户如此配合搜索引擎是比较困难的。因此，如何从搜索引擎内部交互的视角出发，在缺少用户反馈的场景下，搜索引擎自主通过内部模型之间的交互来获得更好的搜索效果，就是代理搜索模型正在探索的问题。

近年来，随着深度强化学习以及大型预训练模型的成熟和走向通用，研究者们开始尝试使用深度模型作为用户的代理智能体与搜索引擎进行交互。在这种设想下，用户只须告诉代理智能体自己的问题（信息需求），之后等待最终的答案以及相关文档即可，至于如何与现有搜索引擎（或者叫作检索 / 排序函数，本节中我们认为它们是等价的）交互获得这些信息就完全交由搜索智能体代劳；在得知用户的信息需求后，搜索智能体会自主地制定出高质量的查询并利用现有的搜索引擎检索，之后代理智能体会阅读这些检索结果，如果当前的检索结果已经能够满足用户的信息需求，智能体就会将答案和相关文档返回给用户并结束流程，否则就进入新的一轮查询－阅读迭代直至获得答案或者放弃检索。

2020 年，汤智文和杨慧提出的 CE3 模型[19] 在 TREC Dynamic Domain Track 上进行了简单尝试。CE3 模型主要关注特定主题下语料库的探索场景，目标是发现尽可能多的与主题相关的文档。CE3 模型通过 t-SNE 将语料库中的每篇文档编码成一个低维的向量，进而将整个语料库表示成一个全局可见的矩阵，如图 7-7 所示。在探索过程中的每一步，智能体（相当于模拟的用户）的策略网络（policy network）会根据目前的探索状态 s_t 生成查询向量 a_t，之后智能体会利用环境中的排序函数（ranking function）来根据查询向量 a_t 对未探索的文档排序，并将排名靠前的若干文档在语料库矩阵的相应行向量设定为特殊值（代表已被阅读）来更新探索状态 s_{t+1}。在预测时，智能体会按照学习到的策略执行指定次数的上述探索步骤。然而，在训练时，CE3 模型需要采用强化学习中的策略梯度算法为每一种主题（信息需求）都学习一个相应的探索策略，这与现实中信息需求动态多变的场景有很大差距。

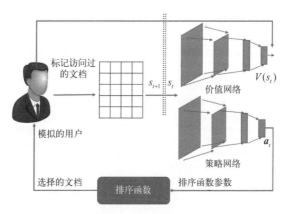

图 7-7　CE3 模型[19]

不过，朱运昌和庞亮等研究人员在 2021 年提出的 AISO 模型[20] 则更适配场景多变的信息需求，并且在开放域问答这一更符合现实的任务场景下得到了有力验证。由于 AISO 模型具有通用性和较好的可扩展性，接下来我们就展开介绍 AISO 模型。

考虑到现实世界中信息需求的表述复杂多变，AISO 模型将用户的自然语言描述问题定义为其初始的信息需求表述，并通过智能体让其与信息量更丰富的环境交互，动态调整初始信息需求表述，进而形成更易搜索和更加精确的信息需求表述。因此智能体的目标是要利用环境中丰富的信息量，找到与用户需求对应的相关证据文档，并基于证据文档生成精准的答案。

另外，现有的检索函数针对不同的信息需求各有优劣，很难构造出一个完美检索函数适配所有种类的信息需求。因此，AISO 模型引入了如图 7-8 所示的 3 种代表类型的检索函数，作为智能体探索语料库信息的工具。第一类检索函数包含关键词的查询，用 BM25 之类的稀疏检索很容易就能搜索到相关证据；而对于第二类检索函数则没有显著词且语义关系复杂的查询，DPR 模型 [21] 之类的稠密检索则将有机会施展其强大的语义捕获能力；第三类检索函数适用于带有歧义的查询，利用文档中的实体链接或超链接能够精确的定位证据。

稀疏检索	稠密检索	链接检索
• 对关键词敏感	• 能够捕获语义关联	• 快速精准
• 语义鸿沟 • 对查询质量要求较高	• 流行度偏差，不擅于表示罕见词	• 不总是可用的

[稀疏检索] 奥斯曼帝国在17世纪包含多少个省？
[稠密检索] 高大的豆科植物，枝繁叶茂的华盖完全像一把张开的巨伞，下午5点叶子闭合，之后在晨曦中打开，包裹在叶片里的露水或雨水纷纷下落，指的是什么树？
[链接检索] 苹果公司的总部在哪？

图 7-8　3 种代表类型的检索函数

那么，在观测到作为信息需求的问题之后，AISO 模型的智能体就需要按照自适应的搜索策略根据具体情况来使用检索函数。什么是自适应的搜索策略呢？以图 7-9 中的多跳问题"Pitof 导演的哪部电影有配套的电子游戏"为例,这个问题里没有超链接,并且包含一个英文训练语料中较少出现的关键词——Pitof,因此很难使用链接检索和稠密检索来获得较好的检索结果。不过,现有的抽取式查询重构模型可以很容易地抽取出一个包含这个关键词的简短查询,并且稀疏检索很擅长搜索这种带有显著实体的查询。因此,智能体可以使用稀疏检索来搜索,之后得到介绍 Pitof 的文档 p_1。读取 p_1 之后,智能体发现 p_1 虽然无法回答问题,但它提供了一个重要的线索,即电影《猫女》满足了问题中的大多数条件,并且有一个超链接,因此智能体可以直接点击超链接得到文档 p_2。读取 p_2 之后,智能体把它看为一个候选证据,只是还需确认它是否有配套的电子游戏。由于现有的抽取式查询重构模型很难为稀疏检索构造出像"猫女游戏"这样理想的查询,但是稠密检索却擅长从冗长的查询中捕获语义,因此智能体可以直接将 q 和 p_2 拼起来作为稠密检索的查询进行搜索,并成功检索到期待的文档 p_3。最终,结合问题 q 和证据 p_2、p_3,智能体就可以最终确定电影《猫女》是问题的答案,并可将该答案连带 2 篇支持段落返回给用户。因此,对于这个问题,理想的自适应的搜索策略就是先进行稀疏检索,再进行链接检索,最后进行稠密检索。

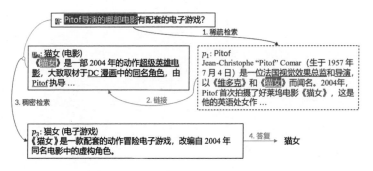

图 7-9 自适应的搜索策略实例 [20]

但智能体如何才能发现一个有效的策略呢？注意到这个迭代收集证据并回答问题的过程其实是一个序列决策问题，并且由于语料库很大，模型每次只能观测到里面的一部分段落，AISO 就将自主搜索并回答问题的过程建模成一个图 7-10 所示的部分观察马尔可夫决策过程：把大规模语料库、检索函数、检索列表作为环境的一部分，让智能体充当用户查询操作的代理人，自主迭代构建查询、执行检索、搜集证据、完成推理，并得到最终答案。

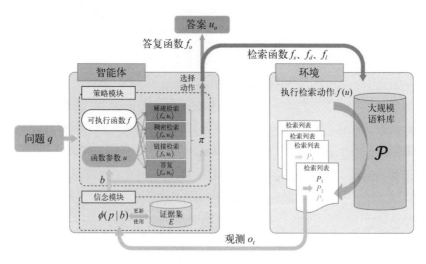

图 7-10　AISO 模型[20]

在这个部分观察马尔可夫决策过程中，环境在执行一个检索动作（action）后会向智能体返回一个段落作为观测（observation）。其中每个动作都是一个由可执行函数和输入这个函数的参数组成的二元组。AISO 的智能体包含两类函数：一类是检索函数，它以查询为输入参数；另一类是回答函数，它将参数（答案）回复给用户并结束整个过程。在收到一个检索动作时，环境会更新这个动作对应的检索列表的展示状态，并返回顶部的未展示文档作为智能体的观测。

在每一次迭代中，智能体需要向环境发出动作来寻求证据并回答问题，它包含两个部分（见图 7-11），首先信念模块根据历史经历生成信念状态（belief state），之后策略模块根据当前的信念状态来采取动作。其中，信念模块维护一个证据集来构建其信念状态，并且期望证据集最后能够包含充足的证据并且没有无关文档。在每一步开始时，智能体会把上一步更新后的证据集加上当前观测的段落作为新的候选证据集重新进行相关性判别，并筛除不相关的文档。策略模块每次会选择分数最大的候选动作来执行。为了缩小因文本式函数参数而产生的无穷大动作空间，AISO 模型使用参数生成器来为每个函数生成一个最合理的查询或者答案作为它的输入参数，这样就能将候选动作的数量缩减到 4 个。

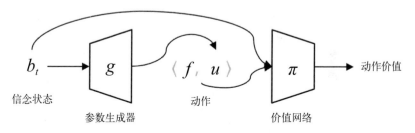

图 7-11　AISO 模型的迭代过程

在训练时，由于强化学习对奖励函数的要求较高并且较难稳定训练为候选动作打分的策略网络，使用 AISO 模型构建了一个具有超验信息的标准答案（能完全访问环境并可以根据贪心算法算出近似最优的动作）作为老师，并让智能体通过模仿学习标准答案的决策来训练，如图 7-12所示。

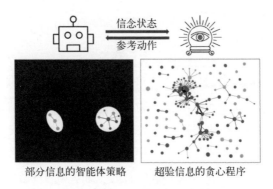

图 7-12　AISO 模型的训练过程

在开放域问答场景下，科技巨头 OpenAI 和 DeepMind 也纷纷在 2022 年初分别提出了检索函数数量减少但语言模型（GPT3[22]、Gopher[23]）尺寸激增的自主搜索智能体 WebGPT 模型 [24] 和 GopherCite[25]，通过模仿学习以及强化学习智能体执行查询重构、文档阅读、答案生成、证据引用甚至滚动浏览、点击链接、查找文本、前进返回等浏览器操作来使用它们各自的商业搜索引擎（必应、谷歌）。

7.2.2　会话搜索模型

为了满足复杂的信息需求，会话搜索（session search）通常包含多次查询和搜索迭代，更重要的是，它需要考虑搜索过程中丰富的用户 - 系统交互以及查询和用户行为之间的时间依赖性。

一个会话通常从用户根据其信息需求制定查询开始，在用户将查询提交给搜索引擎后，搜索引擎返回一个经过排序的文档列表；在查看列表中的文档标题和摘要后，用户可能会点击一些文件，并在一定时间内阅读它们。随着用户从文档中获得更多的信息，用户的认知和对信息需求的理解可能会发生变化。通常情况下，用户会重新制定一个查询，并再次将其提交给搜索引擎。这种从一个查询重构到下一个查询的过程一般被称为搜索迭代，而一个会话可能需要好几个搜索迭代，直到用户因为信息需求得到满足或放弃搜索而停止会话。下面是一个会话搜索的进程。

- 初始信息需求：用户想了解纪念邮票。与此相关的信息包括纪念邮票的价值，纪念邮票的类型，如何收集纪念邮票，如何出售和购买纪念邮票，在哪里购买纪念邮票。
- 用户写下第一个查询"纪念邮票"，并从搜索引擎中得到一个排序的文档列表。
- 用户点击了排序列表中的一些文档。被点击的文档，连同用户点击顺序和停留时间，都会被搜索引擎记录。通过阅读这些文档，用户获得了关于纪念邮票的一些信息。
- 用户写了一个新的查询"收集纪念邮票"并提交给搜索引擎，以满足其另一个子信息需求。之后用户会持续进行阅读和查询的循环直到结束会话为止。

会话搜索是尝试和错误的过程，这与强化学习非常类似：强化学习智能体从重复的、不同的尝试中学习，一直持续到成功为止。现在，深度强化学习技术已经被应用于电子商务搜索引擎。为了更好地利用不同的搜索步之间的依赖性，笪庆等人在 2018 年使用强化学习来训练一个最优的排序策略以最大化会话搜索中的预期累积奖励 [26]。具体地，他们将会话搜索中的多步排序问题形式化为了一个马尔可夫决策过程，并提出了一种新的策略梯度算法来克服学习过程中奖励方差大和奖励分布不均衡的问题。

当然，在有标注数据集的情况下，简单的监督学习则一般会带来更稳定高效的训练效果。在 2020 年，熊辰炎等人提出使用一个能够感知会话中用户行为的 HBA-Transformers 模型 [27] 来提升新一轮的文档重排序。对于第 i 轮搜索，HBA-Transformers 模型考虑的用户行为是个三元组 $\langle q^i, d_+^i, d_-^i \rangle$，其中 q^i 是第 i 轮使用的查询，d_+^i 是用户满意的 q^i 搜索到相关文档，而 d_-^i 是用户跳过的被检索文档。给定最新轮的查询 q^n 和之前 w 轮的交互行为序列 $H_*^n = q^{n-w}, d_+^{n-w}, d_-^{n-w}, \cdots, d_+^{n-1}, d_-^{n-1}$，HBA-Transformers 模型的目标是 y 对当前轮的检索列表进行重排序以提升用户点击的文档的排名。

为了进行重排序，HBA-Transformers 模型将前 w 轮的交互行为序列 H_*^n、当前轮的查询 q^n 和候选文档 d 拼接起来输入 BERT，最终输出一个候选文档 d 与用户意图的匹配分数。由于用户行为序列通常很长，为了更好地理解用户搜索意图，HBA-Transformers 模型采用了图 7-13 中层次化的注意力机制，简单来说就是先在查询或文档内部的词上通过

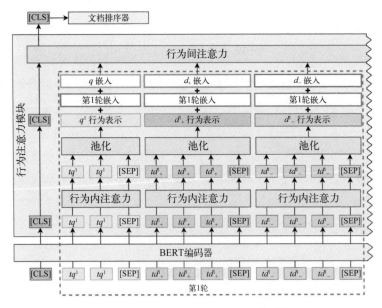

图 7-13　HBA-Transformers 模型[27]

注意力机制以及池化得到一个查询或文档的嵌入表示，然后在这些局部嵌入表示之上采用行为间的注意力机制来得到全局的上下文表征。最后，这个全局上下文表征会和其他常规方法一样被映射为一个表示匹配程度的分数。

7.2.3 对话搜索模型

相比会话搜索模型被动猜测用户的信息需求，对话搜索（conversational search）模型旨在能够让系统模拟人的对话行为，主动探索用户的信息需求。如何让信息检索系统能够主动挖掘用户的信息需求，Mohammad Aliannejadi 等人 [28] 提出，可以利用生成澄清问题的方式，主动向用户提问信息需求。为了实现这一目标，研究者们提出了基于问题澄清的对话搜索流程，如图 7-14 所示。

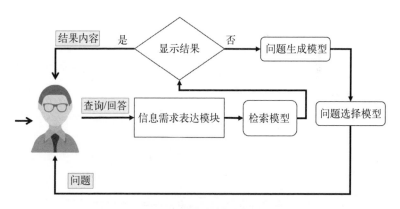

图 7-14 基于问题澄清的对话搜索流程 [28]

用户首先向系统提交查询，信息需求表达模块就会生成他们的信息需求并将其传递给检索模型，检索模型返回排序的文档列表。系统接着度量其对检索到的文档的置信度，如果系统对当前返回的结果没有足够信心，它通过查询和上下文的问题生成模型来生成一组澄清问题，并利用问题选择模型选择一个生成的问题作为澄清问题呈现给用户。接下来，用户回答问题，系统重复上述过程，直到满足用户需求。注意当用户回答问题时，完整的会话信息被考虑用于选择下一个问题。例如用户的查询为"北京奥运会"，这个查询的搜索结果非常多，多样性也很高，此时系统对返回结果的置信度就会比较低，因此会提出进一步的澄清问题"您想了解北京奥运会的日程吗？"来进一步确认用户的信息需求。基于对话搜索流程，研究者们提出了 Qulac 数据集[28]，用来离线度量对话搜索模型提出澄清问题的能力，为后续的研究工作奠定基础。随后，为了进行更大规模的实验，卡内基梅隆大学的 Vaibhav Kumar 和 Alan W Black 提出基于 StackExchange 问答网站数据的 ClarQ 数据集[29]，该数据集的构建使用了新颖的自监督框架。该框架首先提高分类器的准确率，然后增大它的召回率。第一步是下采样过程，分类器通过迭代训练的方式进行，每次选取当前分类器置信度最高的样本进入下一轮迭代，以提高分类器的准确率；第二步是上采样过程，分类器通过依次迭代训练添加更多分类正确的正样例，这一步增大了召回率，同时最低限度的限制准确率下降。最终可以得到噪声更小的大规模澄清问题数据集。

虽然给出了基于问题澄清的对话搜索流程，但是 Aliannejadi 等人并没有完全实现全流程的自动化，其中问题生成模型还是严重依赖人工的问题生成，仅仅能完成澄清问题的选择。为了完善整个流程，微软学者 Hamed Zamani 等人参考 Rao and Daumé Ⅲ 等人对澄清问题生成的思路[30]，进一步完善了问题生成模型[31]，提出了基于规则模板的问题生成模型（RTC）、基于最大问题似然的问题生成模型（QLM）和基于澄清程度的问题生成模型（QCM），模型如图 7-15 所示。

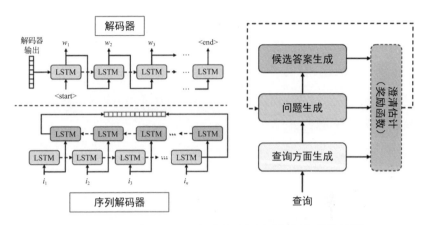

图 7-15 Hamed Zamani 等人提出的澄清问题生成模型[31]

对于澄清问题生成最大的挑战之一，是训练数据的缺失。在完成大量澄清问题的人工改写之后，研究者们发现澄清问题往往可以分为4 类。

（1）消歧类：有些查询是模棱两可的，可以参考不同的概念或实体。例如，查询"RREC"可以理解为"文本检索会议"或者"得克萨斯房地产委员会"。一种可行的澄清问题是询问用户的意图是否为寻找会议或房地产佣金。

（2）偏好类：另外一些查询不是模棱两可的，而澄清的问题可以帮助确定更精确的信息需求，包括个人属性信息、空间信息、时间信息、目的信息等方面的需求。例如，搜索"公寓"的用户可能有兴趣租或买公寓。

（3）主题类：如果用户查询的主题过于宽泛，系统可以询问有关用户确切需求的更多信息。话题澄清包括子主题信息和对应的事件或新闻。

(4)比较类：将一个主题或实体与另一个进行比较，可能帮助用户找到他们需要的信息。例如，对于一个想要购买游戏机的用户，系统可能会询问用户是否想将 Xbox 与 Play Station 进行比较。

因此，可以针对性地设计模板问题，用来覆盖以上 4 类澄清问题。例如我们可以设计模板问题"您想了解关于 [查询项] 的哪些信息？"，其中 [查询项] 是用户实际输入的查询内容。因此，图 7-16 中的问题生成模块可以简化为模板内容填充模块，虽然这个方法看上去很简单，但是在数据有限的情况下，效果提升仍然明显。有了模板问题作为远程监督信号，可以利用"编码－解码"澄清问题生成模型来学习生成合适的模板问题内容。由此 Hamed Zamani 等人提出了基于最大问题似然的问题生成模型，使用双向的长短时记忆（BiLSTM）模型，通过最大化生成问题的文本概率来优化模型。但是由于远程监督带来的数据噪声问题，这个生成模型很容易拟合训练集上频繁出现的问题，从而带来生成的偏差。为了解决这个问题，研究者们转而直接优化生成问题的澄清能力评价，但是这种评价指标不能被直接优化，因为这个指标不可求导数。引入强化学习的学习目标可以较好地解决这个问题，由此提出了基于澄清程度的问题生成模型。通过问题生成模型，可以自动生成澄清问题，完善问题澄清的对话搜索流程。

由于对话搜索模型的研究还处于起步阶段，在实际的互联网公司的服务中，并没有成熟的产品，对话搜索模型对在线的效果仍旧不明确。分析用户与澄清问题的交互将有助于搜索引擎更好地理解搜索澄清，并帮助研究人员了解哪些查询需要澄清，以及用户更喜欢哪些澄清问题。微软学者 Hamed Zamani 等人在微软必应搜索引擎的服务中实际测试了对话搜索模型[32]，对用户交互进行了大规模研究，并为数百万个独特的查询澄清了问题。这项研究基于必应搜索引擎的一个较新的功能，即澄清窗口，它针对特定的一些查询提出一个澄清问题以回应，界面如图 7-16 所示。研究结果表明：（1）更特化的澄清问题比所有查询都能使用的澄清问题更容易被用户点击；（2）用户更希望系统对更长的、更偏向自然语言的查询提出澄清问题。

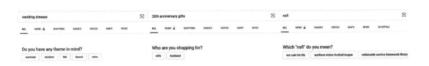

图 7-16　微软必应搜索引擎的澄清窗口界面

针对发现的用户交互特性，研究者们有针对性地提出在问题选择模型上加入更多启发式的特征，让问题选择模型能够选出用户更容易使用 /点击的澄清问题。比如在问题选择模型中引入问题模板类型、查询长度、查询类型、候选答案数量等特征，可以有效地提升用户使用澄清问题功能的频率，并提升用户的搜索体验。

7.3　小结

在本章中，我们回顾了交互式信息检索的由来、建模框架以及近期热门的深度交互式信息检索模型。首先，我们对交互的概念进行了明确，并详细介绍了一个建模交互式信息检索的一般性框架——合作博弈框架，该框架将检索任务定义为一个系统与用户合作以满足用户信息需求的游戏，并最小化用户的付出以及系统的运行成本。之后，我们简要介绍了一些该框架经过不同程度特化后的传统模型实例。在此之后，我们按照用户的参与程度顺序详细介绍了结合深度学习的交互式信息检索模型，包括代理搜索模型、会话搜索模型和对话搜索模型。其中，代理搜索模型旨在通过用户输入的查询项，代理用户与系统进行多轮的交互，以期探索更丰富、关联性更强的信息并给出更精确的答案；会话搜索模型则引入了用户的多次交互信息，以期能从多轮用户交互行为历史中挖掘更好的反馈检索内容；而对话搜索模型则需要能够主动生成自然语言问题与用户交互，以期消除搜索过程遇到的歧义。

要完全实现交互式信息检索框架的系统，目前有很多挑战，我们需要整合多个领域的研究，包括：(1) 自然语言处理模型，特别是对查询和文档的理解以及澄清式问题的生成；(2) 交互环境及数据，特别是如何有效地引入用户的参与；(3) 机器学习算法，特别是深度强化学习和模仿学习以使系统能够有效地更新策略；(4) 有效的模型部署，使系统能够快速响应；(5) 针对交互的有效评估方法以衡量交互策略的效率。

第 8 章

基于预训练的信息检索

近年来，"预训练－微调"范式在自然语言处理领域取得了巨大的成功，推动了该领域的范式转变。基于这类范式的方法首先在大规模语料库中使用无监督／自监督的优化目标对 Transformer 进行预训练，然后在下游任务上使用标注数据进行有监督的微调，预训练模型在很多自然语言处理任务（包括自然语言理解任务、问答任务、分类任务和生成任务等）上的效果显著超越了以往的模型。本章我们将重点介绍预训练技术在深度学习信息检索方向上的发展与成果。

自监督预训练任务大致可以分为两大类：一类是基于单个序列的任务，比如 BERT 的掩码语言模型（masked language model，MLM）、XLNET 的排列语言模型和 GPT 的标准语言模型。这一类任务通常基于已有的上下文，预测缺失的词，可以学习到词的上下文语义，有助于文本理解；另一类任务是基于文本序列对的任务，比如 BERT 中的下一句话预测（next sentence prediction，NSP）任务和之后的改进版句子顺序预测（sentence-order prediction，SOP）任务，这一类任务的目标是学习文本之间的连贯性。预训练之后，通过在预训练模型上添加非常少量的参数，通常是一个全连接网络（MLP），即可在不同的下游任务上进行微调。这种方式在很大程度上简化了下游的任务流程，无须再设计各种复杂的模型结构，一个通用的预训练模型即可完成多种不同的自然语言处理任务。

预训练模型作为一种新的迁移学习范式，之所以一经提出便占据各大自然语言处理模型赛道的榜首，是因为大规模文本的自监督学习是与任务无关的，能够学习到与领域无关的通用语言学知识。例如，在抽取式问答任务中，预训练模型将问题和候选文本拼接输入文本编码器中，用编码得到的词嵌入预测每个词作为答案的概率，可取得极好的效果[1]；在机器翻译及文本摘要任务中，简单地应用在多语言语料上预训练好的模型便可以实现显著的效果提升[2,3]。

而在信息检索领域，对于预训练模型，无论是设计思想还是大规模的参数，都与在为相关性建模的过程中所期望的是一致的。一方面，在大规模文本语料上进行自监督训练有利于理解查询和文档间的内在语义联系；另一方面，大规模的参数也为学习查询和文档间的复杂相关模式提供了足够的建模能力。由于这些潜在的益处，我们见证了信息检索领域对于预训练模型爆炸式增长的研究兴趣，到目前为止，有很多工作致力于研究信息检索领域预训练模型的应用。例如，早期工作[4]试图利用预训练的词嵌入来促进排序模型的学习，并且获得了显著的成果。最近的工作提出改进预训练模型结构[5,6,7]或者考虑使用新的预训练目标[8,9,10]来更好地满足信息检索的任务需求。与此同时，在工业界，谷歌在 2019 年10 月和必应在 2019 年 11 月都表明了基于预训练的排序模型可以更好地理解查询意图，并且能够在实际的搜索系统中提供有价值的结果。除此之外，在信息检索经典数据集 MS MARCO 的文档排序榜单中，我们也能看到排名靠前的方法都是基于预训练模型的。

在本章，我们首先介绍预训练模型的基础知识，然后重点介绍面向信息检索的预训练模型。具体地，在 8.1 节，我们首先介绍一些代表性的预训练模型，这些模型在预训练模型的发展历程中都有着不可或缺的地位，根据应用场景的不同，我们将其分为面向判别式任务的预训练模型和面向生成式任务的预训练模型进行介绍。在 8.2 节，我们将重点介绍面向检索的预训练方法，根据不同的侧重点，我们将在 8.2.1 节从预训练目标和模型架构两个方面介绍面向信息检索的预训练表示模型，在 8.2.2 节从弱监督和自监督的角度介绍面向信息检索的预训练交互模型。在最后的 8.3 节进行相关内容的总结。

8.1　基础预训练模型

从预训练模型应用的角度来看，现有的预训练模型主要可以分为两类：面向判别式任务的预训练模型和面向生成式任务的预训练模型。面向判别式任务的预训练模型的核心思想是使用编码器结构，搭配判别式预训练任务（如掩码词预测任务）进行预训练；面向生成式任务的预训练模型的核心思想是使用解码器结构或者编码器 – 解码器结构，结合自回归式的语言模型目标或者自编码的重构目标进行预训练。本节将分别选取代表性的模型对两类预训练模型进行详细的介绍。

8.1.1　面向判别式任务的预训练模型

面向判别式任务的预训练模型的代表性模型有 BERT[11]、RoBERTa[12]、ALBERT[13]、ERNIE[14] 等，这类模型擅长处理判别式任务，比如 GLUE 基准测评集中的文本分类、问答等一系列任务。面向判别式任务的代表性预训练模型有最早由谷歌提出来的 BERT 模型，我们具体介绍 BERT

模型及其预训练方法。

BERT 是一种自编码的语言模型，它使用 Transformer 中的编码器部分，其中主要的模块为自注意力模块和前馈神经网络模块。原始的 BERT 的输入是一个词序列，在序列的第一个位置会插入一个特殊的分类标记"[CLS]"，用于捕捉整个序列的全局语义信息。如果输入为单个的句子，那么模型最后一个隐层和"[CLS]"对应的位置会输出一个聚合整个句子信息的向量，可以用于句子分类任务。对于需要将一个句子对打包为一个词序列作为模型输入的情况而言，BERT 使用特殊的分隔词"[SEP]"分开两个句子的词序列，再为每个词添加一个分割嵌入，代表其属于第一个或第二个句子。因此，给定一个词，模型最后的输入是一个嵌入序列，每个位置的嵌入由词嵌入、分割嵌入和位置嵌入的直接加和。

BERT 设计了 MLM 和 NSP 两个自监督任务进行训练。一般的语言模型任务输入为一个单词序列，让模型预测下一个可能出现的单词，传统的条件语言模型只能以自左向右或自右向左的方式进行训练。为了让模型为每个词学习到更好的双向表示，BERT 以一定概率使用特殊掩码标记"[MASK]"掩码掉了一些词，然后使模型基于已有的上下文预测被掩码掉的词，该过程称作"Masked LM"任务，也可以理解为"完形填空"任务。在这个任务中，BERT 模型将输入阶段被掩码掉的词对应的输出向量输入到分类器中，在词表范围内进行预测，比如第 i 个词 w_i 被掩码掉了，那么 BERT 的预测目标就是通过上下文预测它，其损失函数用公式表示为：

$$L_{\mathrm{MLM}} = -\sum_{i \in N} \log P(w_i \mid w_1, \cdots, w_{i-1}, w_{i+1} \cdots, w_n)$$

值得注意的是，由于在训练过程使用了特殊掩码标记"[MASK]"替换掉句子中被选中的掩码单词，在预训练时模型可能会过多地关注"[MASK]"词，但在下游任务应用时，并没有"[MASK]"标记出现，这会导致预训练-微调之间的差异性，可能会使得模型表现不佳。因此，BERT 实际训练过程中，并不总使用"[MASK]"词替代我们要掩码掉的单词。具体来说，BERT 首先在一个句子中随机选择 15% 的词做掩码，如果第 i 个位置的词被选中了，那么其有 80% 的概率被替换为"[MASK]"词，有 10% 的概率被替换为一个随机的词，有 10% 的概率保持不变。通过这样的方式可以在一定程度缓解训练和预测不一致的问题，从而在下游任务应用时为每个词学习到更好的表示。与此同时，像问答（question answering，QA）和自然语言推理（natural language inference，NLI）等诸多下游任务都需要模型学习到两个句子之间的"关系"，而这个能力仅仅通过 MLM 是不能获得的。因此，为了使得模型具有理解句子之间关系的能力，BERT 提出了下一个句子预测（next sentence prediction, NSP）任务，具体来说，即选择句子 A 和 B 作为训练样本，有 50% 的概率表示 B 是真实的紧挨着 A 的下一个句子，另外 50% 概率表示 B 是在语料库中随机选的一个句子，希望模型预测给定句子对是否是真实相邻的句子，从而使得预训练模型可以掌握语句层面的语义刻画的能力，NSP 任务的优化损失目标如下：

$$L_{\text{NSP}} = -\sum_{i \in \mathbf{N}} \left[y \times \log P(y = 1 \mid \text{sent}_A, \text{sent}_B) + (1 - y) \times \log P(y = 0 \mid \text{sent}_A, \text{sent}_B) \right]$$

BERT 中对被掩码词的确定是在数据预处理阶段进行的，即提前确定是否对输入序列中的某个词条进行掩码，而 RoBERTa 对此进行改进，采用了动态采样掩码策略，在每个批（batch）的构建过程中动态确定被掩码的词条，除此之外，RoBERTa 取消了 NSP 任务并增大了 BPE 编码的词表，使用了更多的数据，选取了更大的批大小（batch size），获得了性能的提升。随着预训练模型的参数规模不断增大，ALBERT 则希望将 BERT 词嵌入向量的维度和隐藏层向量的维度进行解耦，将模型参数减少，将词嵌入向量维度降低为 E，再通过一个 $E \times H$ 的投影层映射到隐藏层维度 H；同时，ALBERT 对中间层的 Transformer 进行参数共享，进一步减小了模型的参数量，最后其改进 NSP 任务为句子顺序预测任务，主要将原始负样本句子从随机选取变成交换两个相邻句子来得到，加大任务难度，使得模型学到更深的语义信息。ERNIE 认为，如果一些常见实体由多个词组成，那么随机掩码掉其中的某个词，BERT 会很容易根据周围未被掩码掉的内容预测出被掩码掉的词，所以 ERNIE 额外对短语、实体等语义单位进行整体掩码，使得模型可以学习到更完整的语义信息。面向判别式任务的预训练模型主要的缺点是其设计的预训练任务以及模型结构天然决定了其对于生成任务的不适配，因此相关工作针对生成式任务也设计了一系列的预训练模型。

除了上述直接基于 BERT 输出来学习的排序模型外，也有一些基于 BERT 结构进一步改造成的符合检索需求的排序模型。CEDR[38] 在基本的 BERT 上堆叠了一个深度交互模型，也就是说，它利用 BERT 的上下文词嵌入来构建一个相似性矩阵，然后输入现有的以交互为中心的神经排序模型；DuoBERT[40] 则将一个由查询和两个文本组成的序列作为输入，即 "[CLS]+Q+[SEP]+D_i+[SEP]+D_j+[SEP]"，并对其进行训练以估计比 D_j 更相关的候选 D_i，虽然它在段落排序任务上取得了比 BERT 更好的效果，但由于文档被截断，这将极大地损害长文档检索的性能。

8.1.2 面向生成式任务的预训练模型

面向生成式任务的代表性预训练模型包括 GPT [15]、BART [16]、T5 [17] 和 MASS [18] 等，这类模型由于使用编码器－解码器结构和生成式的预训练任务，所以在文本生成类任务（包括机器翻译、文本摘要等）上表现较为出色。虽然这类模型也可以在判别式任务中应用，但有相关工作表明在同等预训练数据、模型大小和算力环境的情况下，此类预训练模型在文本分类、问答等任务上相比面向判别式任务的模型的表现差。这一类预训练模型的代表是 OpenAI 提出来的 GPT 模型，它是一种自回归的深层单向自注意力模型，结构采用了 Transformer 中的解码器部分，去掉了多头注意力机制部分，仅使用单向的掩码多头注意力。GPT 预训练时利用上文预测下一个词，所以它天然与文本生成任务匹配，因为文本生成任务大多也根据已有内容进行下一个单词的生成。GPT 模型也可以应用在判别式任务中，但是在判别式的下游任务上应用训练好的 GPT 模型时需要将下游任务向 GPT 的模型结构对齐。比如，对于文本分类任务而言，需要在被分类文本的前后分别添加起始和终结符号，将 GPT 对终结符号预测的下一个词表示送往全连接层进行分类。

BART 建立在标准的 Transformer 结构的基础上，它吸取了 BERT 双向上下文编码器和 GPT 单向解码器的优势，在生成式任务上取得收益的同时，也在一些判别式任务中取得了 SOTA 的结果。具体地，BART 在编码器尝试了多种方法进行加噪，由解码器负责还原真实的文本，对解码器计算重构损失进行模型优化。BART 主要尝试了 5 种加噪方式：（1）像 BERT 一样对句子中的词进行随机掩码，训练模型学习利用上下文还原词条的语义表示；（2）随机删除部分词，模型需要判断哪些位置丢失了信息；（3）随机采样一定数量的词用一个特殊掩码词替换，使得模型不仅要学习丢失掉的词语义，还需要学习丢失的词数量；（4）将一个文档内的句子顺序打乱，训练模型进行句子间语义联系的推理；（5）在文档内随机选一个句子作为文档起始，进行文档的旋转，训练模型找到文档起始的能力。通过多样的加噪方式，BART 更大程度地破坏掉了句子中的结构信息，避免模型对类似序列长度等信息的依赖。由于 BART 本身就是在序列到序列的基础上进行训练的，所以其天然比较适合做序列生成任务，在判别式任务上也可以很好地应用，比如对于文本分类任务而言，将句子同时输入编码器和解码器，在解码器输入后加特殊终止词，取该词输出的隐层向量输给一个线性分类层进行分类。

T5 希望用统一的方式完成各种自然语言处理任务，采用完整的Transformer 结构，训练目标是用解码器生成编码器输入中被掩码掉的词，T5 在下游任务中应用的时候需要为不同任务添加不同的任务指示前缀。MASS 同样采用了完整的 Transformer 结构，如图 8-1 所示，先随机确定掩码长度 k，在编码器选择一个长度为 k 的连续词串进行掩码，由解码器生成这个被掩码的连续子串，值得注意的是，这里采用了互补掩码，解码器的输入为在原始句子的基础上掩码了编码器中所有未被掩码的词，而后使用自回归的方法对自左向右预测被掩码掉的 k 个词。通过这样的设计，解码器在训练时可以更专注地利用编码器传来的信息，并且预测连续的片段相比单独进行离散词条的预测更符合生成任务的特质。

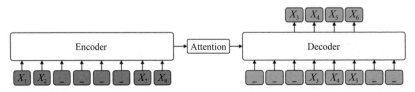

图 8-1　面向生成式任务的 MASS 结构[18]

8.2 面向检索的预训练模型

在本节中，我们将介绍为信息检索量身定做的预训练模型。最初，预训练模型是面向自然语言处理设计的，其目标是为单词或文本学习良好的向量表示。研究表明，将原始预训练模型应用于信息检索中也可以使许多信息检索任务受益，因为为查询和文档建立良好的表征是信息检索的基本要求之一。然而，信息检索的核心是对查询和文档的相关性进行建模，这是在面向自然语言处理设计的现有预训练模型中没有考虑的。为解决这个问题，信息检索社区的研究人员也开始重新思考和探索新的预训练目标以及从信息检索的角度出发的预训练架构。

我们已经知道，一般的排序问题可以抽象为：

$$\mathrm{rel}(q,d) = f\left(\phi(q), \psi(d), \eta(q,d)\right)$$

其中 ϕ 和 ψ 是表示函数，用于提取表示特征；η 是交互函数，用于提取交互特征；f 是评分函数，通常是一个简单的函数，如余弦函数或 MLP。我们在此简单回顾现有的两类排序模型，即基于表示的模型和基于交互的模型。基于表示的模型一般使用复杂且强大的文本编码器分别得到查询和文档的表示，然后使用轻量级的交互函数计算相关性得分；而基于交互的模型直接将查询和文档拼接之后输入，由交互模型输出交互信号，最后由轻量级的 MLP 输出相关性得分。因此根据预训练模型在排名函数中的作用，我们将其分为两类，分别是预训练表示模型和预训练交互模型。

而基于 Transformer 的预训练模型按照预训练方法可以分为两类。第一类以单个文本序列为输入，结合各种语言建模任务学习上下文词表征，这种类型的预训练模型可被划分为用预训练表示模型来建模 ϕ、ψ，然而已有的面向自然语言处理的方法主要学习的是词表示，而不是文本序列级的表示。第二类以文本序列对为输入，直接学习它们的交互信号，这种类型的预训练模型可以归类为预训练交互模型，但是缺乏对相关性的建模。在接下来的章节中，我们会具体介绍如何面向信息检索设计新的预训练表示模型和交互模型。需要注意的是，预训练表示模型也可以通过在标记数据上进行微调而应用于以交互为重点的架构。然而，这将产生预训练 - 微调上的差异，可能无法激活预训练的全部能力。

8.2.1 预训练表示模型

随着表征学习的发展，研究人员提出了用自监督任务（如 Transformer[19] 的上下文化单词表征）预训练整个深度神经模型，然后将整个模型转移到下游任务中 [12,20,21]。预训练的表示模型可以完全"迁移"到信息检索任务中，无须设计额外的模型架构。我们可以用下游任务的监督数据对整个预训练的表征模型进行微调。预训练 - 微调已经成为包括自然语言处理和计算机视觉在内的许多领域中事实上的学习范式。这类模型都是在大规模语料库上用自我监督的任务进行预训练得到的。已有的词级别的预训练表示不再满足检索的需求，研究人员探索了对查询和文档的高质量文本序列表示进行预训练。而预训练的表示模型经常被运用于基于表示的排序模型中。这些面向信息检索的预训练表示模型的工作主要从两个方面入手：一个是改进预训练优化目标，使之更适配检索的优化需求；另一个则是改进预训练模型架构，使之能更充分地建模查询和文档的交互。

1. 改进预训练优化目标

根据学习目标的基本假设，以前的工作可以分为两类。第一类工作的假设是，如果预训练目标与下游任务相似，那么预训练模型在微调阶段可以更高的效率实现更好的性能。反向完形填空任务（inverse close task，ICT）用于开放域文本问答（openQA）中的段落检索，从给定段落中随机抽出一个句子作为伪查询，其余句子被视为其正面语境[22]。反向完形填空的预训练任务为检索提供了足够强大的初始化，使联合检索器和阅读器可以通过简单的优化找到正确答案的边际，进行端到端的微调。这也证明了，让预训练模型学习检索对其适应下游相关任务是至关重要的。

在 ICT 中，假设从给定段落抽取出的是相关"正"查询–文档对 $\mathcal{T} = \{(q_l, d_i)\}_{i=1}^{|\mathcal{T}|}$。通过最大化对数似然 $\max_{\theta} \sum_{(q,d) \in \mathcal{T}} \log p_{\theta}(dq)$ 来估计模型参数 θ，条件概率通过 softmax 定义，D 是所有可能的文档集合：

$$p_{\theta}(d \mid q) = \frac{\exp(f_{\theta}(q, d))}{\sum_{d' \in D} \exp(f_{\theta}(q, d'))}$$

受 ICT 的启发，另外两个任务在此基础上产生，以更好地利用维基百科的文档[8]。第一个是首段内容选择（body first selection，BFS），即从维基百科页面的第一部分随机抽出一个句子，并将同一页面的其他段落视为其正面语境。另一个是维基链接预测（wiki link prediction，WLP），其中句子的采样方式与 BFS 相同，但段落是从其他超链接的维基百科页面中采样。这些段落级的预训练任务是用双编码器架构预训练的，以支持基于嵌入的密集检索。在几个问答数据集上的实验表明，当用有限的标记数据进行微调时，预训练模型的表现明显优于广泛使用的 BM25 算法和 MLM 预训练模型。然而，BFS 和 WLP 严重依赖网络文档的特殊结构（例如，多段分割和超链接）。这可能会妨碍它们在一般文本语料库中的应用。COSTA[39] 进一步改进了 ICT 的工作，提出了组级别的对比学习方法，从文档中抽取不同粒度的多个文本片段作为文本表示的正例，其他文档的表示和来自其他文档的片段表示为负例，在学习过程中同时拉近文档的表示和多个来自本文档内部的片段表示，同时和其他表示推远。

第二类工作借用信息瓶颈理论的思想，即一个好的表示是输入在输出上的最大压缩的映射。自动编码器对输入进行压缩-重建操作，自然符合信息瓶颈原理。具体来说，一般的自动编码器由一个编码器和一个解码器组成，其中编码器将输入文本映射为表示，解码器被训练为从表示中重构输入文本。在 SEED 工作中，解码器使用其对以前标记的访问直接预测下一个词，从而利用语言模式来"走捷径"。因此，普通的自动编码器可能无法提供高质量的序列表示[23]。为解决此问题，SEED 使用了一个弱解码器，通过限制解码器的容量和可用的上下文信息，使解码器不得不依靠编码器 CLS 向量中的信息来重构信息序列，以避免绕过效应。通过限制模型的容量和解码器的注意力灵活性，编码器可以为密集的检索提供更好的文本表示。SEED 模型使用一系列方法弱化编码器：（1）在少数层（如 3 层）上使用较浅的 Transformer 结构 $\theta_{\text{dec}}^{\text{weak}}$；（2）限制模型对上下文的访问，即限制模型对先前 k 个令牌的关注。因此有重建损失如下：

$$\mathcal{L}_{\text{dec}}^{\text{weak}}\left(x,\theta_{\text{dec}}^{\text{weak}}\right)=-\sum_{t:1\sim n}\log P\left(x_t x_{t-k:t-1},h_0;\theta_{\text{dec}}^{\text{weak}}\right)$$

其中 k 是受限注意的窗口大小。通过这些修改，加强编码器和解码器之间的信息瓶颈，从而迫使解码器依赖编码器的 CLS 表示，并推动编码器学习有更大信息量的表示。在预训练时，SEED 使用编码器的标准最大似然损失和解码器的重建损失的组合，将编码器和解码器一起训练。经过预训练后，丢弃解码器，并将编码器用于下游应用。

2. 改进预训练模型架构

由于原始的 Transformer 中自注意力机制的平方级别的时间复杂度、基于 Transformer 的预训练模型的输入长度总是被限制在 512 以内。然而，信息检索的语料库中的文档往往长于 512，所以基于原始的 Transformer 的预训练模型不适合处理长文档。一些研究已经设计新的架构以适应信息检索的情况。例如，Longformer[24] 使用局部自我注意和全局注意的组合来疏散注意矩阵。Longformer 模型也被应用于文档排名[25]，将查询与文档拼接并截断成长度为 4096 的序列，分类器头由两个线性层和一个非线性函数组成，输出一个二维向量，其中第一维表示一个文件与查询不相关的概率，而第二维表示相关概率。SMITH[26] 使用基于连体多深度 Transformer 的层次化编码器来处理长文档匹配任务。SMITH 通过从下到上分层聚合句子表征来学习文档表征，以适应长文本输入的自我注意模型。除了 MLM 任务之外，SMITH 还用一个新的屏蔽句子块预测任务进行预训练。实验表明，通过将最大输入文本长度从 512 增加到 2048，SMITH 在两个文档匹配任务上的表现优于 BERT 等先进的文档排序模型。

为了学习更好的文本序列表示，Condenser[7] 通过增加一个从低层到高层的短路连接来修改 Transformer 架构。具体来说，对于像 BERT 这样有 12 层的 Transformer 模型，Condenser 在模型的顶部增加了额外的 2 层，还从第 6 层到第 13 层增加了一个短路连接。对于短路连接，来自第 6 层的令牌表示直接输入第 13 层，除了特殊的 [CLS] 令牌外，没有来自前一层，即第 12 层的输入。他们认为，第 7 ~ 12 层的 [CLS] 标记将更多地关注输入文本的全局意义，为最高层预测原始标记提供足够的信息。像 Transformer 编码器一样，Condenser 被参数化为一堆

Transformer 块。它们被分为 3 组，L^e 是早期编码器骨干层、L^l 是晚期编码器骨干层，L^h 是 Condenser 头部层。

$$\left[h_{\text{cls}}^{\text{early}} ; h^{\text{early}} \right] = \text{Encoder}_{\text{early}} \left(\left[h_{\text{cls}}^{0} ; h^{0} \right] \right)$$

$$\left[h_{\text{cls}}^{\text{late}} ; h^{\text{late}} \right] = \text{Encoder}_{\text{early}} \left(\left[h_{\text{cls}}^{\text{early}} ; h^{\text{early}} \right] \right)$$

关键的设计是，从低层到高层添加一条快速链接，这包含一对晚期－早期的表示。

$$\left[h_{\text{cls}}^{\text{cd}} ; h^{\text{cd}} \right] = \text{Condenser}_{\text{head}} \left(\left[h_{\text{cls}}^{\text{late}} ; h^{\text{early}} \right] \right)$$

实验表明，Condenser 在各种文本检索和相似性任务上比标准语言模型有很大的改进 [7]。在数据较少的情况下，Condenser 的性能与特定任务的预训练的模型相当。这也为学习有效的检索器提供了一个新的预训练视角。在训练充足的情况下，Condenser 与微调可以成为许多复杂训练技术的轻量级替代方案。

8.2.2　预训练交互模型

查询和文档之间的相关性估计用于确定文档中包含的信息是否满足查询背后的信息需求。这些信息可能是一小段文字，也可能是很长的一段话，这使得相关性模式有很大的不同。依靠采用简单交互函数的预训练表示模型很难捕捉到不同的匹配模式。可采用预训练交互模型直接从低级特征中建立复杂的交互模式，从而学习查询和文档的交互信号。预训练交互模型使用的预训练方法可主要分为两类，分别是弱监督学习方法和自监督学习方法。

1. 弱监督学习方法

弱监督学习的目的是在有噪声的数据上构建机器学习模型。更具体地说，标签通常是由其他模型自动生成而非人工标注的。弱监督学习的目标往往与下游任务的目标相同，也就是说，信息检索中弱监督学习的目标也是排序目标。一旦模型在有噪声数据上进行预训练，它们也可以用目标领域的监督训练数据进行微调。

在深度文本检索兴起后，研究人员探索了在弱监督数据上预先训练简单的神经交互模型，用于 ad-hoc 检索，以验证其有效性。早期工作 [27] 中，他们使用 BM25 模型自动生成的数十亿条查询－文档对作为弱监督信号的训练数据训练神经交互模型，输入是查询－文档对，模型架构是简单的前馈神经网络，在弱监督环境下研究了 pointwise 学习方法和 pairwise 学习方法。实验表明，使用弱监督训练的神经交互模型性能可以超过 BM25。相关研究 [28] 从风险最小化框架的角度从理论上分析了弱监督学习，以验证其有效性。最近，ReInfoSelect [29] 使用了 BERT 强化弱监督的方法。这项工作解决了弱监督方法与相关性匹配需求之间存在差异的问题，为需要大规模相关性监督的检索任务提供了新的思路。受经典的"锚"概念的启发，即锚文本与查询文本相似，查询与文档之间的锚文档关系近似匹配，ReInfoSelect 训练了一个选择器模型，通过强化学习选择一些构建的锚文档对来训练基于 BERT 的排序模型。对于锚文档对，ReInfoSelect 通过迭代神经排名器反向传播梯度，收集其排名性能（即 NDCG）作为奖励，并使用策略梯度优化数据选择网络，直到神经排名器的性能在目标相关性指标上达到峰值。

2. 自监督学习方法

自监督学习在某种程度上是监督学习和无监督学习的融合[30,31]。自监督学习的基本思想是以某种形式从输入数据的一部分预测其他部分，其学习目标与下游任务中的目标不一样。因此，训练数据的标签往往来自数据本身，而不与特定任务中的相同。自监督学习的学习范式与监督学习的完全相同。最近提出的关于预训练的交互模型，如BERT 和 StructBERT，其目的是通过预测句子的顺序来学习两个句子之间的连贯关系。具体来说，它们通常将两个句子作为输入，用下句预测任务或句序预测任务对交互模型进行预训练。然而，相关性是信息检索最重要的要求之一，连贯性关系与相关性有很大差距。因此，研究人员主要从以下两个方面为信息检索量身定做预训练模型，即预训练目标与模型架构。

预训练目标：在信息检索中，相关性是一个模糊的概念，那么有没有其他的对象可以成为用于相关性建模的很好的"桥梁"呢？受查询似然模型（query likelihood，QL）[32] 的启发，一种新的代表词预测（representative words prediction，ROP）的预训练目标被提出并首次应用于 ad-hoc 检索，相应的预训练模型称为 PROP[9]。其中，QL 假设查询是由"理想"文本生成的一段代表性文本[33]。因此，代表性的建模可能有利于捕捉查询和文档之间的相关性。为了验证这一假设，ROP 根据多项式一元语言模型[34] 对给定输入文档成对地采样词组，其中似然概率较高的词组被认为对于文档更有代表性，然后预训练 Transformer 来进行偏好学习，预测成对中的哪一个词组更有代表性。

具体来说，为了模拟实际情况中不同长度的查询，首先使用泊松分布来抽样正整数 l 作为词组的长度大小。然后，根据文档语言模型，对给定的文档采样一个词组集合（即词集），每个词集可以被视为伪查询。获得成对的词组后，计算每个词集的似然概率，似然概率较高的词集被认为对文档更具代表性。获得似然概率后，预训练 Transformer 模型来预测两个词集之间的成对偏好。词集 S 和文档 D 拼接并使用分隔符分隔作为输入序列，即将 $[\mathrm{CLS}]+S+[\mathrm{SEP}]+D+[\mathrm{SEP}]$ 输入 Transformer。拼接序列中的每个单词通过对其分布、分段和位置嵌入求和来表示。然后，获得特殊令牌 [CLS] 的隐藏状态，即 $H^{[\mathrm{CLS}]}$。

$$H^{[\mathrm{CLS}]} = \mathrm{Transformer}_L\left([\mathrm{CLS}]+S+[\mathrm{SEP}]+D+[\mathrm{SEP}]\right)$$

L 是一个表示 Transformer 层数量的超参数。最后，通过在 $H^{[\mathrm{CLS}]}$ 上应用 MLP 函数来获得似然概率 $P(S\,|\,D)$，其表示词集对文档的代表性程度。将采样的词集对和相应的文档表示为一个三元组 (S_1, S_2, D)。假设词集 S_1 的似然概率高于词集 S_2，则 ROP 任务可以用经典的成对损失（即铰链损失）来表示，用于预训练。

$$\mathcal{L}_{\mathrm{ROP}} = \max\left(0, 1 - P(S_1 D) + s(S_2 D)\right)$$

实验表明，PROP 在各种特定的检索任务上的效果优于其他预训练的模型，如 BERT 和 ICT。此外，在零资源和低资源的设置下，PROP 可以取得令人惊讶的性能，甚至在 Gov2 数据集上的性能超过了 BM25，且无须进行微调。

在 PROP 基础上，B-PROB[10] 利用 BERT 取代经典的单词语言模型来构建 ROP 任务。受随机偏差理论的启发 [35]，B-PROP 提出了一种对比性方法，利用 BERT 的 [CLS]-token 注意力构造对比词分布来采样代表词。实验表明，B-PROP 在下游文档排名数据集上的表现比 PROP 好。

HARP[36] 利用了大规模的超链接和锚文本对语言模型进行预训练，由于锚文本是由网站管理员创建的，并且通常可以对目标文档进行总结，它可以帮助建立比特定算法样本更准确和可靠的预训练样本。实验结果显示，HARP 在 MS-MARCO 文档排名和 TREC DL 上的表现比 PROP 好。由于现有的工作大多采用两阶段的训练范式，模型的现成参数在微调过程中基本上可以更新。

前述模型究竟学习到了什么知识，仍然没有得到充分的研究。为此，ARES[37] 将 IR 公理纳入模型预训练，用特定的 IR 公理或启发式规则生成训练样本，以指导模型的训练。实验结果显示了 ARES 的有效性，特别是在监督数据有限的低资源场景下。

模型架构：在为信息检索设计新的交互模型架构方面的工作较少，因为 Transformer 架构的自注意力机制确实为文本之间的交互提供了一个解决方案。在微调阶段，PreTTR[38] 在交叉编码器架构中，在较低层阻断查询和文档之间的注意力流动；在索引时预先计算部分文档表示，并在查询时将其与查询表示合并，以计算出最终的排序分数。因此，PreTTR 可以预先计算文档表示，并加速推理的重新排序。

8.3 小结

近年来，使用 Transformer 预训练模型的方法由于其便利性和有效性，几乎主导了信息检索系统中的所有组成部分，包括查询理解、排序算法等。然而，面向自然语言处理的预训练目标是建模语义的连贯性，如预测被掩盖的标记或句子的顺序，因此预训练模型在某些信息检索任务上的性能改进仍然是有限的。为了更好地利用预训练 – 微调范式，检索领域的研究人员主要从两个研究路线设计面向信息检索的预训练模型。第一个研究路线是寻找更符合信息检索需求的预训练目标，例如，反向完形填空任务、Wiki 链接预测，以及代表性词预测任务。虽然提出了不同的预训练学习目标，然而，这些方法由于缺乏理论基础，在多大程度上满足了信息检索的需求仍不清楚。此外，一些预训练目标与弱学习密切相关，因为它们都依赖于信息检索的启发式规则，而对预训练模型与弱学习这两种学习策略的区别研究较少。第二个研究路线侧重于设计新的模型架构，旨在满足查询和文档以及它们之间的异质性结构，例如 Longformer 和 SEED。在这个研究路线上的工作仍然很少，而且大多数工作只是对原始的 BERT 模型做微小的改动。这是由于 BERT 模型已经在一个非常大规模的语料库中得到了很好的训练，而完全重新设计的架构会导致模型训练成本很高。此外，还需要在 Transformer 架构的基础上进行深入分析，并从信息检索的角度重新思考架构的设计标准。预训练目标和模型架构设计的根本问题在于信息检索中的相关性概念不清晰，研究人员也需要对相关性的定义进行更系统的研究，而不是启发式地设计学习目标或模型架构。

随着预训练模型的快速发展，设计与检索深度耦合的预训练方法，或者结合检索任务的特性来构造满足信息检索需求的预训练模型是当前的重要趋势。首先，为信息检索量身定做预训练目标与预训练模型结构仍在探索的初步阶段。如何设计面向信息检索任务的预训练模型，包括构建适合排序任务的预训练模型架构、提出符合相关性建模需求的预训练目标，以及针对检索的预训练模型持续学习范式，是值得探索的方向。其次，对多源异构数据在预训练检索模型方向的开发利用仍然是重要研究方向。如何利用更丰富的数据资源（如多语言、多模态或知识）增强文本表示，从而提高模型在信息检索任务上的表现和性能以及使模

型获得更好的可解释性，应该获得更多的关注。目前，信息检索系统大
多采用多级流水线架构，每个模块的学习过程通常是独立的，预训练模
型在各个模块都取得了较好的效果，从而使端到端优化变得可行。此
外，传统检索架构依赖额外的外部文档索引，近年来大规模预训练模型
在知识编码方面展现了超强的能力，能够直接进行对信息需求的响应，
这种以模型为中心的检索范式颠覆了传统的、以索引为中心的检索范
式，为新一代信息检索应用模式和形态带来了新的机遇和挑战。

> 说明：
>
> 　　本书参考文献较多，为了方便大家查阅，我们提供
> 了单独的 PDF 文件。您可以访问 iTuring.cn，搜索本书
> 书名进入本书主页下载，或扫描下方二维码查看。